Ripandeep Singh

# Revestimento duro - Uma técnica para melhorar a superfície

Ripandeep Singh

# Revestimento duro - Uma técnica para melhorar a superfície

ScienciaScripts

**Imprint**
Any brand names and product names mentioned in this book are subject to trademark, brand or patent protection and are trademarks or registered trademarks of their respective holders. The use of brand names, product names, common names, trade names, product descriptions etc. even without a particular marking in this work is in no way to be construed to mean that such names may be regarded as unrestricted in respect of trademark and brand protection legislation and could thus be used by anyone.

Cover image: www.ingimage.com

This book is a translation from the original published under ISBN 978-620-2-09523-5.

Publisher:
Sciencia Scripts
is a trademark of
Dodo Books Indian Ocean Ltd. and OmniScriptum S.R.L publishing group

120 High Road, East Finchley, London, N2 9ED, United Kingdom
Str. Armeneasca 28/1, office 1, Chisinau MD-2012, Republic of Moldova, Europe
Printed at: see last page
**ISBN: 978-620-7-97625-6**

**Conteúdo**

# CAPÍTULO 1

# INTRODUÇÃO

## 1.1 Introdução:

O desgaste é o fator predominante que controla a vida útil de qualquer peça de máquina. As peças metálicas falham frequentemente na sua utilização prevista, não porque se fracturam, mas porque se desgastam, o que faz com que percam dimensão e funcionalidade. Existem diferentes categorias de desgaste, mas os modos mais típicos são - Abrasão, Impacto, Metálico (metal com metal), Calor, Corrosão, etc. A investigação prossegue ao longo dos anos para reduzir o desgaste, quer sob a forma de utilização de um novo material resistente ao desgaste, quer melhorando a resistência ao desgaste do material existente através da adição de um elemento de liga resistente ao desgaste, etc. Estes problemas relacionados com o desgaste e a corrosão podem ser minimizados principalmente através de dois métodos:

- Utilizando ligas/metais de alto custo resistentes ao desgaste e à corrosão, melhores do que as ligas/metais de baixo custo existentes.

- Melhorando a resistência ao desgaste e à corrosão dos metais e ligas existentes através da aplicação de determinadas modificações na superfície.

Uma vez que o desgaste é um fenómeno de superfície e ocorre principalmente nas superfícies de contacto exteriores, é mais adequado e económico utilizar este último método de modificação da superfície do que o primeiro, que não só implica um custo muito elevado da operação, mas também um tempo mais longo em comparação com a segunda técnica.

Entre as várias técnicas de revestimento de superfícies comercialmente viáveis, os métodos de pulverização térmica, de deposição química de vapor e de deposição física de vapor têm sido frequentemente considerados nos últimos tempos.

A técnica de **revestimento duro** tornou-se, entretanto, uma tecnologia industrial bem aceite. Devido ao aumento contínuo do custo dos materiais, bem como ao aumento das exigências em termos de materiais, o revestimento duro tem vindo a ganhar destaque nas últimas décadas. Os desenvolvimentos nas técnicas de revestimento duro, bem como os avanços no elétrodo de revestimento duro, deram origem a revestimentos de superfície com excelentes propriedades de resistência ao desgaste em condições de serviço severas, alargando assim o campo da sua aplicação.

Nesta tese apresentada sobre o estudo do desgaste, foi utilizado o método de soldadura por arco metálico com proteção (SMAW) para modificar a superfície e melhorar as propriedades de desgaste dos materiais de aço inoxidável. O aço inoxidável é revestido com três tipos diferentes de eléctrodos de revestimento duro à base de ferro. O aço inoxidável é um material frequentemente utilizado para revestimento duro devido ao seu baixo custo, mas ao mesmo tempo é um material macio com fracas propriedades de desgaste. Para reduzir este problema de desgaste, o revestimento duro foi feito com eléctrodos de revestimento duro à base de ferro, nomeadamente eléctrodos de Hard Alloy 400, Hardloy III e Hardloy V, utilizando SMAW no material de aço inoxidável e foram investigados no que diz respeito às suas caraterísticas de desgaste, microdureza, ensaio de flexão, diluição e microestrutura. O método de ensaio normalizado da ASTM para o ensaio de desgaste com um aparelho de ensaio de desgaste por abrasão em areia (ASTM G65-1991) foi utilizado para estudar o comportamento de desgaste dos materiais não revestidos, bem como dos materiais revestidos.

O revestimento duro, também conhecido como "Hardsurfacing", é a aplicação da acumulação de depósitos de ligas especializadas através do processo de soldadura para resistir à abrasão, à corrosão, a temperaturas elevadas ou ao impacto. Um metal é depositado sobre outra superfície para aumentar a dureza da superfície e torná-la resistente à abrasão, ao impacto, à erosão, à escoriação e às cavitações. O revestimento duro é um processo metalúrgico em que um material mais duro ou resistente é aplicado a um metal de base. É soldado ao material de base e assume geralmente a forma de eléctrodos especializados para soldadura por arco. O revestimento duro pode ser aplicado a uma nova peça durante a produção para aumentar a sua resistência ao desgaste, ou pode ser utilizado para restaurar uma superfície desgastada. O revestimento duro por soldadura por arco é uma operação de revestimento para prolongar a vida útil dos componentes industriais, preventivamente em componentes novos ou como parte de um programa de manutenção. O resultado de poupanças significativas no tempo de paragem das máquinas e nos custos de produção fez com que este processo fosse adotado em muitas indústrias, como a siderúrgica, cimenteira, mineira, petroquímica, energética, da cana-de-açúcar e alimentar.

## 1.2 VESTIR

É a remoção de material de uma superfície sólida em resultado de uma ação de deslizamento. Constitui a principal razão pela qual os artefactos da sociedade (automóveis, máquinas de lavar, gravadores, máquinas fotográficas e vestuário) se tornam inúteis e têm de ser substituídos. Do ponto de vista tribológico, o desgaste é a razão mais importante entre o atrito, o desgaste e a lubrificação. Diferentes pessoas e organismos definiram o desgaste de diferentes maneiras, mas todos, no final, têm o mesmo significado. Algumas definições são apresentadas de seguida

- "Danos ou perda de qualidade pelo uso" - Definição do dicionário e conceito geral de desgaste.
- "A destruição de material, produzida como resultado de perturbações repetidas das ligações de fricção" - Sr. Kragelski.

- A remoção de material de uma superfície sólida como resultado de uma ação mecânica" - Sr. Ernest Rabinowicz.

### 1.2.1 Factores que afectam o desgaste

Os principais factores que afectam o desgaste são:

- Conceção
- Carga aplicada
- Área de contacto e grau de movimento
- Lubrificação
- Ambiente
- Propriedades do material (acabamento da superfície, dureza e microestrutura do aço).

As tolerâncias de projeto devem proporcionar uma folga suficiente. A carga de contacto nos componentes deslizantes deve ser mantida a um nível mínimo, enquanto a área de contacto deve ser maximizada.

Nesta situação, a lubrificação desempenha um papel importante e o projeto deve assegurar que a lubrificação adequada pode ser eficazmente fornecida aos componentes em movimento relativo.

O acabamento da superfície dos componentes é importante, uma vez que as superfícies muito polidas (<0,25 mm Ra) ou muito rugosas (>1,5 mm Ra) aumentam a tendência para o desgaste e a escoriação. As superfícies lisas resultam em mais contacto. Os pequenos "vales" e "asperezas" na superfície lisa significam que o lubrificante não pode ser mantido no lugar entre as superfícies e o material deslocado é retido em contacto próximo com as superfícies, resultando em desgaste. As superfícies rugosas resultam no encravamento de asperezas, que promovem rasgões e escoriações graves. Por conseguinte, são preferíveis acabamentos de superfície entre estes extremos.

A dureza e a microestrutura do material desempenham um papel importante no desgaste adesivo e na escoriação. Um aço inoxidável austenítico altamente endurecido (obtido por endurecimento por trabalho) e uma película de óxido estável podem proporcionar resistência à escoriação. Os tratamentos de endurecimento da superfície também podem ter o mesmo efeito.

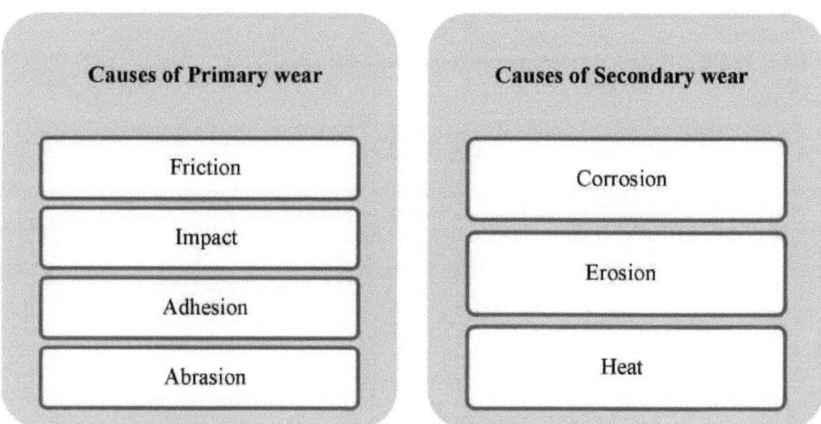


**Fig. 1.1 Causas de desgaste**

### 1.2.2 Diferentes tipos de desgaste

O desgaste pode ser classificado em diferentes tipos com base nas fontes/causas de desgaste mencionadas anteriormente. O desgaste, encontrado em situações industriais, pode ser amplamente dividido nos seguintes tipos e uma parte aproximada de cada tipo de desgaste [19], como uma percentagem de todos os desgastes tomados em conjunto, é contra cada tipo como mostrado na Fig. 1.2

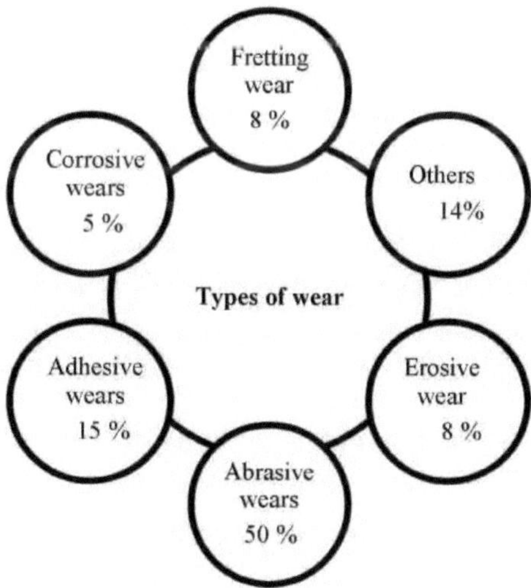


**Fig 1.2 Tipos de desgaste**

- **Desgaste do adesivo**

A ação de um material que desliza sobre outro com interação superficial e soldadura (adesão) em contacto localizado.

Como sabemos, uma força adesiva forte é criada quando os átomos de dois materiais entram em contacto íntimo. Durante o deslizamento, uma pequena porção das superfícies entra em contacto íntimo com uma pequena porção da outra superfície e, se a ligação for forte, este contacto é quebrado. Normalmente, esta rutura não ocorre na interface das duas superfícies; no entanto, tem lugar no interior de um dos materiais, dependendo da força da ligação. Este fenómeno é conhecido como desgaste adesivo.

- **Desgaste abrasivo**

O desgaste abrasivo ocorre quando uma superfície dura e rugosa desliza contra uma superfície macia, escava-a e abre uma série de ranhuras. Os materiais, originalmente nas ranhuras, saem normalmente sob a forma de fragmentos soltos. Isto é conhecido como desgaste de dois corpos.

O desgaste abrasivo também ocorre quando partículas abrasivas duras são introduzidas entre duas superfícies deslizantes e estas partículas desgastam um ou ambos os materiais. O mecanismo consiste no facto de uma partícula abrasiva aderir temporariamente a uma das superfícies deslizantes ou, então, ficar incrustada na mesma e abrir ranhuras na outra superfície. Esta forma de desgaste abrasivo é conhecida como desgaste de três corpos.

O desgaste de dois corpos não ocorre muito quando as superfícies de deslizamento duras são lisas. Da mesma forma, o desgaste de três corpos não ocorre normalmente quando as partículas introduzidas entre as superfícies de deslizamento são pequenas ou são mais macias do que os materiais de deslizamento.

- **Desgaste corrosivo**

O desgaste corrosivo ocorre como resultado de uma reação química numa superfície de desgaste. A forma mais comum de corrosão é devida a uma reação entre o metal e o oxigénio (oxidação); no entanto, outros produtos químicos também podem contribuir.

Os produtos de corrosão, normalmente óxidos, têm resistências ao corte diferentes das dos metais da superfície de desgaste a partir dos quais são formados. Os óxidos tendem a descamar, resultando na corrosão das superfícies de desgaste para reduzir os efeitos de fricção. A corrosão por picadas é especialmente prejudicial para estas chumaceiras.

O desgaste corrosivo ocorre em situações em que o ambiente que rodeia uma superfície de deslizamento é corrosivo e interage quimicamente com a superfície de deslizamento. Como tal, este desgaste é também conhecido como "desgaste químico".

O desgaste corrosivo difere da corrosão porque, na corrosão, não há deslizamento das superfícies e a formação de películas de reação na superfície tende a abrandar o processo com o aumento da espessura da camada e pode evitar mais corrosão após uma certa espessura crítica; mas torna-se desgaste corrosivo quando o deslizamento das superfícies ocorre e continua porque, nesse caso, a ação de deslizamento desgasta continuamente as películas de reação da superfície e o novo ataque corrosivo é contínuo.

- **Desgaste erosivo**

O desgaste erosivo é causado por partículas que colidem com a superfície ou aresta de um componente e removem material dessa superfície devido a efeitos de impulso. Este tipo de desgaste é especialmente notado em componentes com fluxos de alta velocidade, tais como válvulas servo e proporcionais. As partículas que embatem repetidamente na superfície também podem causar amolgadelas e eventual fadiga da superfície.

É o dano produzido por partículas afiadas que incidem sobre um objeto. Por exemplo, partículas na água, que provocam a erosão das rochas sobre as quais corre um rio ou a erosão de uma corda e de uma roldana de pedra quando a corda desliza continuamente sobre a roldana.

- **Desgaste por fricção**

O atrito é o desgaste por fricção dos componentes nos pontos de contacto provocado por uma oscilação tão pequena que a massa lubrificante é deslocada de entre as peças, mas não pode voltar a entrar. O resultado é a oxidação localizada das partículas de desgaste e a aceleração do desgaste. Nos rolamentos, este desgaste localizado aparece como uma depressão semelhante à que ocorre durante a determinação da dureza Brinell, daí o termo "falso Brinelling". Um exemplo seria o desgaste por atrito de um rolamento de roda automóvel quando um carro é transportado de comboio. O automóvel está fixo, mas a vibração do comboio sobre os carris provoca uma pequena oscilação que resulta num falso brinelamento da pista do rolamento.

O desgaste por fricção é definido como um fenómeno complexo de desgaste ou dano de superfície que ocorre em duas superfícies em contacto com contacto deslizante ou em repouso uma em relação à outra, geralmente com movimento oscilatório de pequena amplitude. O movimento relativo é normalmente conhecido como

"deslizamento". Em geral, o atrito ocorre entre duas superfícies bem ajustadas que são sujeitas a movimentos relativos cíclicos de amplitudes extremamente pequenas.

### 1.2.3 Condições de desgaste

Para além do tipo de desgaste, três outros factores são igualmente importantes no que diz respeito à gravidade das condições de desgaste. São eles:

**1. Tipo de Abradant**

A dureza do meio abrasivo é obviamente o fator mais importante. Quanto mais duro for o abrasivo, maior será o seu efeito nas condições de desgaste. Para além da dureza, o tamanho e a forma das partículas também podem ser relevantes para as condições de desgaste.

**2. Temperatura de serviço**

A temperatura de serviço pode variar entre a temperatura ambiente e uma temperatura de funcionamento extremamente elevada. Este facto pode alterar significativamente as propriedades do revestimento destinado a ser utilizado à temperatura ambiente.

**3. Ambiente de serviço**

Podem existir condições de elevada corrosão em combinação com condições abrasivas. As temperaturas elevadas também aceleram a cinética da corrosão e do desgaste.

É evidente que, em termos de natureza do processo de desgaste, bem como das condições ambientais, as condições de serviço são extremamente complexas. São, por isso, difíceis de simular em laboratório. A seleção da liga de revestimento duro para uma aplicação baseia-se principalmente em experiências reais no terreno e estas são aperfeiçoadas com a recolha de dados.

O restauro de peças desgastadas envolve frequentemente os três passos seguintes:

1. Buttering **:** Para um depósito que diluirá o teor de carbono e de liga do metal de base.

2. Reconstrução: As áreas seriamente desgastadas devem ser reconstruídas perto do tamanho de trabalho, utilizando materiais de soldadura duros e resistentes a fissuras que podem ser depositados num número ilimitado de camadas.

3. Revestimento duro: Superfícies resistentes ao desgaste depositadas no metal de base ou em depósitos de acumulação prolongam a vida útil. O revestimento duro é normalmente limitado a uma, duas ou três camadas.

## 1.3 PROCESSO DE REVESTIMENTO DURO

O revestimento duro pode ser aplicado através de uma série de processos de soldadura. A seleção do processo de soldadura mais adequado para um determinado trabalho dependerá de uma série de factores como: Natureza do trabalho a ser revestido, função do componente, composição do metal de base, tamanho e forma do componente, acessibilidade do equipamento de soldadura, estado de reparação dos componentes desgastados, número de itens iguais ou semelhantes a serem revestidos, etc. Existem vários processos para o revestimento duro. Estes podem ser agrupados da seguinte forma:

SOLDAGEM A ARCO:

Soldadura por arco com núcleo de fluxo (FCAW )

Soldadura por arco de metal a gás (GMAW)

Soldadura por arco de tungsténio gasoso (GTAW)

Soldadura por arco de plasma (PAW)

Soldadura por arco de metal blindado (SMAW)

Soldadura por arco submerso (SAW)

SOLDAGEM DE TORCHAS:

Soldadura por oxigénio/gás combustível (OFW)

Soldadura por feixe de electrões (EBW)

Soldadura por escória eléctrica (ESW)

OUTRA SOLDAGEM:

- Brasagem em forno (FB)
- Soldadura por feixe laser (LBW)

### 1.3.1 Método de soldadura por arco

A escolha do método de soldadura por arco depende principalmente da dimensão e do número de componentes, do equipamento de posicionamento disponível e da frequência do revestimento duro. Os métodos disponíveis são os seguintes:

1. **A soldadura manual** com eléctrodos de vareta requer o mínimo de equipamento e proporciona a máxima flexibilidade para soldar em locais remotos e em todas as posições.

2. **A soldadura semiautomática** utiliza alimentadores de fio e eléctrodos Lincore fluxados e autoprotegidos, aumentando as taxas de deposição em relação à soldadura manual.

3. **A soldadura automática** requer a maior quantidade de configuração inicial, mas proporciona as taxas de deposição mais elevadas para uma produtividade máxima.

## 1.4 SMAW (soldadura por arco metálico protegido)

A soldadura por arco metálico protegido (SMAW), também conhecida como soldadura manual por arco metálico (MMA), é um processo de soldadura por arco manual que utiliza um elétrodo consumível revestido de fluxo. Uma corrente eléctrica, sob a forma de corrente alternada ou corrente contínua de uma fonte de alimentação de soldadura, é utilizada para formar um arco elétrico entre o elétrodo e os metais a revestir. À medida que a camada é depositada, o revestimento de fluxo do elétrodo desintegra-se, libertando vapores que servem de gás de proteção e fornecendo uma camada de escória, que protegem a área depositada da contaminação atmosférica. Devido à versatilidade do processo e à simplicidade do seu equipamento e operação, a soldadura por arco metálico protegido é um dos processos de soldadura mais populares do mundo.

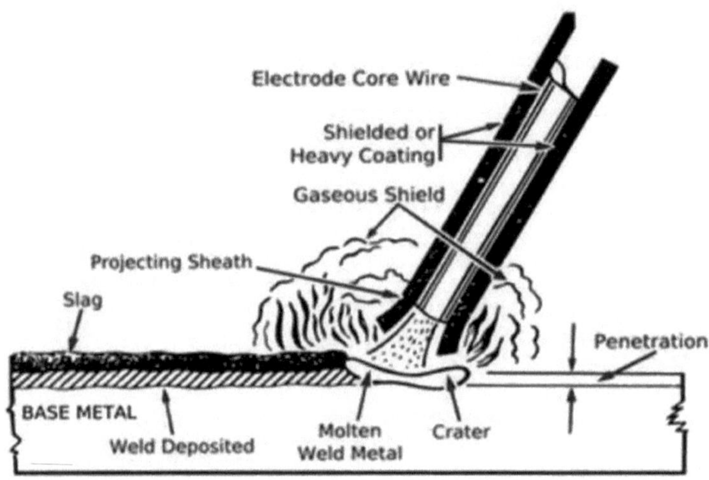


**Fig. 1.3 Processo SMAW**

### 1.4.1 Funcionamento

Para abrir o arco elétrico, o elétrodo é posto em contacto com a peça de trabalho através de um ligeiro toque do elétrodo no metal de base e, em seguida, é ligeiramente puxado para trás. Isto inicia o arco e, consequentemente, a fusão da peça de trabalho e do elétrodo consumível, e faz com que as gotículas do elétrodo passem do elétrodo para a poça de fusão. À medida que o elétrodo se funde, o revestimento de fluxo desintegra-se, libertando gases de proteção que protegem a área de soldadura do oxigénio e de outros gases atmosféricos. Além disso, o fluxo fornece escória fundida que cobre o metal de adição à medida que este se desloca do elétrodo para o banho de fusão. Uma vez parte da poça de fusão, a escória flutua para a superfície e protege a soldadura da contaminação à medida que solidifica. Uma vez endurecida, tem de ser lascada para revelar a soldadura acabada. À medida que a soldadura progride e o elétrodo derrete, o soldador tem de parar periodicamente a soldadura para remover o resto do elétrodo e inserir um novo elétrodo no suporte do elétrodo. Esta atividade, combinada com a remoção da escória, reduz o tempo que o soldador pode despender na colocação da soldadura, tornando a SMAW uma das mais importantes tecnologias de soldadura.

dos processos de soldadura menos eficientes. Em geral, o fator operador, ou a percentagem de tempo do operador gasto na colocação da solda, é de aproximadamente 25%.

A técnica de soldadura utilizada depende do elétrodo, da composição da peça de trabalho e da posição da junta a ser soldada. A escolha do elétrodo e a posição de soldadura também determinam a velocidade de soldadura. As soldaduras planas requerem o mínimo de habilidade do operador e podem ser feitas com eléctrodos que fundem rapidamente mas solidificam lentamente. Isto permite velocidades de soldadura mais elevadas. As soldaduras inclinadas, verticais ou invertidas requerem mais habilidade do operador e, muitas vezes, exigem a utilização de um elétrodo que solidifique rapidamente para evitar que o metal fundido saia da poça de fusão. No entanto, isto geralmente significa que o elétrodo derrete menos rapidamente, aumentando assim o tempo necessário para colocar a solda.

### 1.4.2 EQUIPAMENTO

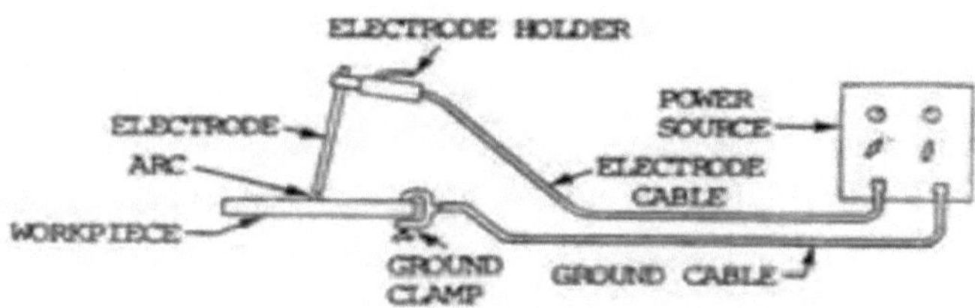


**Fig. 1.4 Instalação SMAW**

O equipamento de soldadura por arco metálico blindado é normalmente constituído por uma fonte de alimentação de soldadura de corrente constante e um elétrodo, com um suporte de elétrodo, um grampo **de terra** e cabos de soldadura (também conhecidos como fios de soldadura) a ligar os dois.

### 1.4.3 FONTE DE ALIMENTAÇÃO

A fonte de alimentação utilizada na SMAW tem uma saída de corrente constante, assegurando que a corrente (e, consequentemente, o calor) permanece relativamente constante, mesmo que a distância do arco e a tensão mudem. Isto é importante porque a maioria das aplicações de SMAW são manuais, exigindo que um operador segure a tocha. A manutenção de uma distância de arco adequadamente constante é difícil se for utilizada uma fonte de alimentação de tensão constante, uma vez que pode causar variações dramáticas de calor e tornar a soldadura mais difícil. No entanto, como a corrente não é mantida absolutamente constante, os soldadores experientes que efectuam soldaduras complicadas podem variar o comprimento do arco para causar pequenas flutuações na corrente.

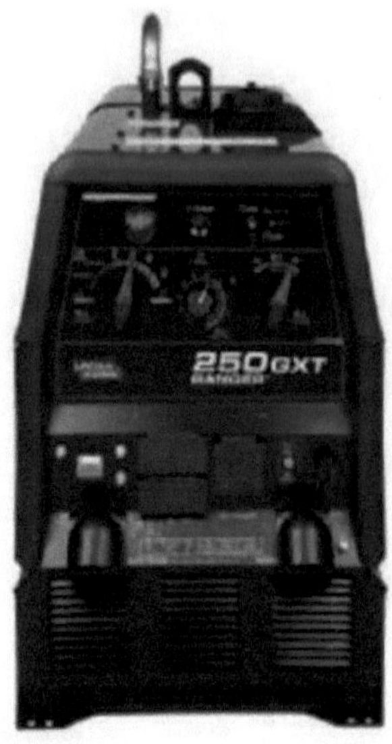


**Fig. 1.5 Fonte de alimentação**

A polaridade preferida do sistema SMAW depende principalmente do elétrodo que está a ser utilizado e das propriedades desejadas da soldadura. A corrente direta com um elétrodo carregado negativamente (DCEN) provoca a acumulação de calor no elétrodo, aumentando a taxa de fusão do elétrodo e diminuindo a profundidade da soldadura. Inverter a polaridade de modo a que o elétrodo fique carregado positivamente (DCEP) e a peça de trabalho fique carregada negativamente aumenta a penetração da soldadura. Com a corrente alternada, a polaridade muda mais de 100 vezes por segundo, criando uma distribuição uniforme do calor e proporcionando um equilíbrio entre a taxa de fusão do elétrodo e a penetração.

### 1.4.4 ELÉCTRODO

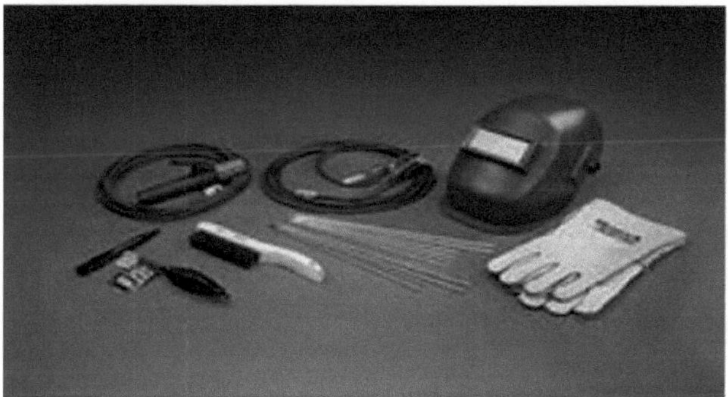

**Fig. 1.6 Diversos acessórios para SMAW**

A escolha do elétrodo para SMAW depende de uma série de factores, incluindo o material de soldadura, a posição de soldadura e as propriedades de soldadura desejadas. O elétrodo é revestido por uma mistura metálica denominada fluxo, que liberta gases à medida que se decompõe para evitar a contaminação da soldadura, introduz desoxidantes para purificar a soldadura, provoca a formação de escória protetora da soldadura, melhora a estabilidade do arco e fornece elementos de liga para melhorar a qualidade da soldadura. Os eléctrodos podem ser divididos em três grupos - os que se destinam a fundir rapidamente são designados por eléctrodos de "enchimento rápido", os que se destinam a solidificar rapidamente são designados por eléctrodos de "congelamento rápido" e os eléctrodos intermédios são designados por eléctrodos de "enchimento-congelamento" ou "seguimento rápido". Os eléctrodos de enchimento rápido são concebidos para fundir rapidamente, de modo a maximizar a velocidade de soldadura, enquanto os eléctrodos de congelamento rápido fornecem metal de adição que solidifica rapidamente, tornando possível a soldadura numa variedade de posições, evitando que o banho de solda se desloque significativamente antes de solidificar.

A composição da alma do elétrodo é geralmente semelhante e, por vezes, idêntica à do material de base. Mas apesar de existirem várias opções viáveis, uma ligeira diferença na composição da liga pode ter um forte impacto nas propriedades da soldadura resultante. Isto é especialmente verdade no caso dos aços ligados, como os aços HSLA. Do mesmo modo, os eléctrodos com composições semelhantes às dos materiais de base são frequentemente utilizados para soldar metais não ferrosos

materiais como o alumínio e o cobre. No entanto, por vezes é desejável utilizar eléctrodos com materiais de núcleo significativamente diferentes do material de base. Por exemplo, os eléctrodos de aço inoxidável são por vezes utilizados para soldar duas peças de aço-carbono, e são frequentemente utilizados para soldar peças de aço inoxidável com peças de aço-carbono.

#### 1.4.4.1 Cuidados com o elétrodo

A qualidade da soldadura depende do desempenho consistente do elétrodo. O revestimento de fluxo não deve ser lascado, rachado ou, mais importante ainda, não deve ficar húmido.

**1. Armazenamento**

Os eléctrodos devem ser sempre guardados num local seco e bem ventilado. É boa prática empilhar os pacotes de eléctrodos em paletes de madeira ou prateleiras bem limpas do chão. Além disso, todos os eléctrodos não utilizados que se destinam a ser devolvidos devem ser armazenados de modo a não serem expostos a condições de humidade para recuperar a humidade.

**2. Secagem dos eléctrodos**

A secagem é normalmente realizada de acordo com as recomendações do fabricante e os requisitos serão determinados pelo tipo de elétrodo.

#### 1.4.4.2 Vestuário de proteção

Durante a soldadura, o soldador deve ser protegido contra o calor e a radiação luminosa emitidos pelo arco, os salpicos ejectados da poça de fusão e os fumos de soldadura.

**1. Proteção das mãos e da cabeça**

Para a maior parte das operações, é utilizado um escudo de mão ou de cabeça, construído com material isolante e não refletor de peso reduzido. O escudo está equipado com um vidro de filtro protetor, de cor suficientemente escura e capaz de absorver os raios infravermelhos e ultravioletas nocivos. Os vidros de filtro cumprem os requisitos rigorosos da norma BS 679 e são classificados de acordo com o número de tonalidade que especifica a quantidade de luz visível que pode passar - quanto mais baixo for o número, mais claro é o filtro.

**2. Vestuário**

Para proteção contra faíscas, salpicos quentes e queimaduras, devem ser usados avental e luvas de couro. Estão disponíveis vários tipos de luvas de couro. Por exemplo, curtas ou até ao cotovelo, com dedos inteiros ou em forma de luva.

**3. Extração de fumos**

Ao soldar numa oficina de soldadura, a ventilação deve eliminar os fumos de soldadura de forma inofensiva. Deve prestar-se especial atenção à ventilação quando se soldar num espaço confinado, como o interior de uma caldeira, de um tanque ou de um compartimento do navio.

## 1.5 OS SEGUINTES METAIS DE BASE PODEM SER REVESTIDOS COM REVESTIMENTO DURO

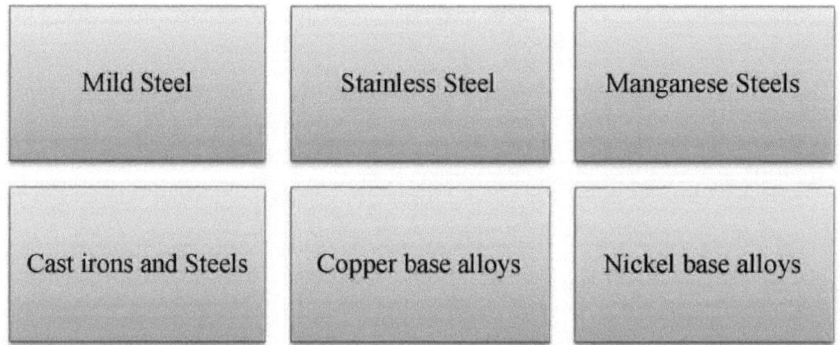


**Fig.:1.7**

## 1.6 PROCEDIMENTO DE REVESTIMENTO DURO:

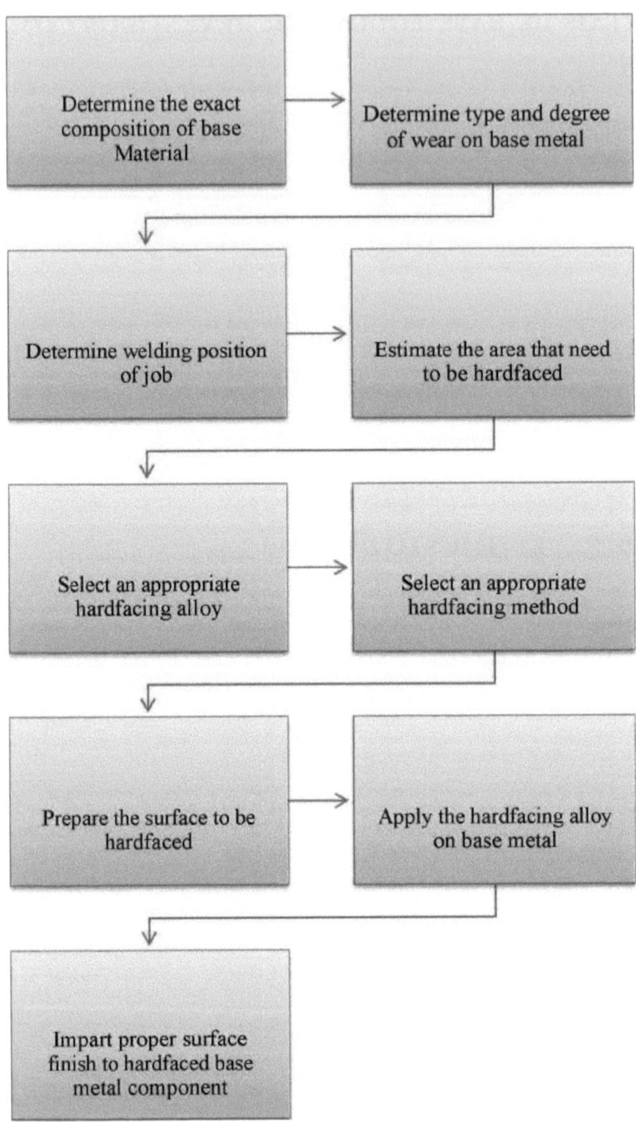


**Fig.:1.8**

## 1.7 MATERIAIS COMUNS UTILIZADOS EM REVESTIMENTOS DUROS:

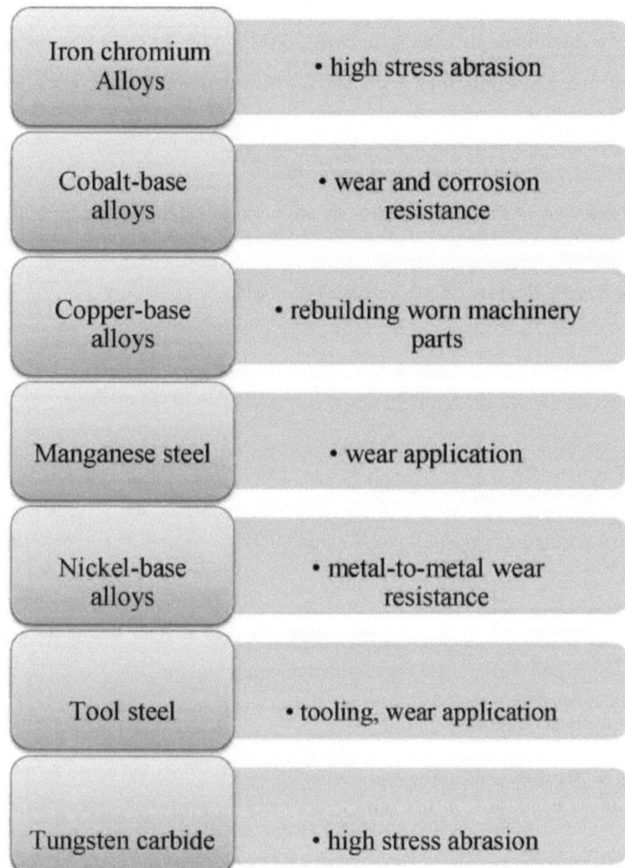


**Fig.:1.9**

## 1.8 ELÉCTRODOS DE REVESTIMENTO DURO

A seleção dos eléctrodos de revestimento depende de muitos factores, alguns dos quais são apresentados a seguir:

- Aplicação de material de trabalho
- Disponibilidade de eléctrodos
- Composição do material de base
- Compatibilidade do material revestido com o material de base

No presente trabalho, foram estudados três tipos diferentes de eléctrodos e comparados os respectivos comportamentos. Os eléctrodos são selecionados com base nas aplicações e nos constituintes. Estes eléctrodos são basicamente eléctrodos à base de ferro com diferentes teores de carbono e de Cr. **A liga dura 400** contém um baixo teor de carbono, 0,2-0,4 % de carbono e 2,5-3,0% de Cr, **a liga dura III** contém 0,6 % de carbono e 6,5% de Cr, **a liga dura V** contém 2,5% de carbono e 3,5% de Cr. A composição química completa dos eléctrodos é discutida no capítulo de experimentação.

Estes eléctrodos são basicamente utilizados para melhorar a resistência ao desgaste abrasivo. As principais aplicações destes eléctrodos encontram-se basicamente em raspadores, baldes e dentes de baldes, transportadores, ferramentas de corte, cones de trituradores, etc. A resistência máxima ao desgaste pode ser obtida após a aplicação de duas ou três camadas de cordão de soldadura.

## 1.9 VANTAGENS

1. O revestimento duro prolonga a vida útil de componentes e equipamentos desgastados.

2. A acumulação ou revestimento duro pode prolongar a vida útil de um componente até 250% em comparação com um componente novo ou não revestido.

3. O revestimento duro aumenta a eficiência operacional do equipamento, reduzindo o tempo de inatividade.

4. Os componentes com revestimento duro duram mais tempo, causam menos paragens ou interrupções e, por conseguinte, aumentam a eficiência operacional do equipamento.

5. O revestimento duro reduz os custos globais.

6. O custo de renovação de um componente desgastado é normalmente 50 a 75% do custo de um componente novo.

7. As peças com revestimento duro podem ser fabricadas a partir de metais comuns mais baratos.

8. Uma peça que é revestida antes de ser utilizada pode frequentemente ser fabricada a partir de um metal de base mais barato do que uma peça que não foi concebida para ser revestida antes de ser utilizada.

9. O revestimento duro minimiza o inventário de peças sobressalentes.

## 1.10 DESVANTAGENS

1. Alguns depósitos de revestimento duro têm uma espessura de depósito limitada (4,8 mm - 9,5 mm)

2. A escolha do material de construção depende principalmente do metal de base da peça.

3. Preparação da superfície para proporcionar uma boa ligação entre o metal de base e a soldadura.

4. É necessário revestir as arestas.

5. A maioria das aplicações requer um pré-aquecimento, no mínimo para levar a peça à temperatura ambiente de 70-100°F, para evitar fissuras no cordão de soldadura, fissuras na soldadura, fragmentação ou falha por tensão da peça.

## 1.11 VANTAGENS DO REVESTIMENTO DURO

- O revestimento duro é um método de baixo custo para depositar superfícies resistentes ao desgaste em componentes metálicos para prolongar a vida útil.

- Embora seja utilizado principalmente para restaurar as peças desgastadas para uma condição utilizável, o revestimento duro também é aplicado a novos componentes antes de serem colocados em serviço.

- Para além de prolongar a vida útil dos componentes novos e desgastados, o revestimento duro proporciona as seguintes vantagens:

- Menos peças de substituição necessárias.
- A eficiência operacional é aumentada através da redução do tempo de inatividade
- Pode ser utilizado um metal de base menos dispendioso.
- Os custos globais são reduzidos.

# CAPÍTULO 2

# REVISÃO DA LITERATURA

**I. A. Kostick et al** analisaram as caraterísticas tribológicas de uma liga à base de cobalto com baixo teor de carbono em comparação com uma liga à base de cobalto com teor de carbono mais elevado para aplicação numa válvula de vapor. A fim de estimular as condições severas típicas de uma válvula de haste, foram efectuados ensaios de desgaste utilizando uma configuração de ensaio de pino sobre anel rotativo. Uma análise estatística dos dados de desgaste envolvendo vários parâmetros não estabeleceu uma correlação clara entre as propriedades do material e as taxas de desgaste observadas. No entanto, o desempenho tribológico da liga à base de cobalto com baixo teor de carbono sob as condições de teste de vapor de alta temperatura. Em ambos os casos, o desgaste adesivo foi considerado o mecanismo dominante de remoção de material.

**R. Dasgupta et al** analisaram o facto de um aço-carbono simples ter sido revestido com uma liga de revestimento duro resistente ao desgaste por soldadura manual por arco. Foram efectuados ensaios de desgaste abrasivo a baixa tensão com um aparelho de ensaio de abrasão de rodas de borracha ASTM, utilizando areia de sílica triturada como meio abrasivo. A taxa de desgaste diminuiu com a distância de deslizamento e registou-se uma melhoria global na resistência ao desgaste abrasivo como resultado da sobreposição. O comportamento de desgaste das amostras foi discutido em termos de caraterísticas microestruturais, enquanto o exame das regiões da superfície e subsuperfície de desgaste fornece informações sobre os mecanismos de desgaste.

**S. Kumar et al** analisaram o comportamento ao desgaste abrasivo sob tensão do aço macio, do aço de carbono médio e da liga de revestimento duro para determinar o grau de melhoria das propriedades de desgaste após o revestimento duro do aço. Foram efectuados ensaios de desgaste abrasivo a alta tensão, fazendo deslizar a amostra contra o meio abrasivo constituído por partículas de carboneto de silício, rigidamente ligadas a uma base de papel e montadas num disco. O desgaste máximo foi encontrado no caso do aço macio, seguido de um aço de liga de carbono médio e de uma liga de revestimento duro. Diferentes composições de aços e fases constituintes presentes conduziram a diferentes taxas de desgaste da amostra. O grau de melhoria no desempenho de desgaste do aço devido ao revestimento duro é bastante apreciável (duas vezes em comparação com o aço macio). Foi efectuado um exame microestrutural da superfície de desgaste para compreender o mecanismo de desgaste.

**A.K. Jha, B.K. Prasad et al** investigaram a influência das caraterísticas do material na resposta ao desgaste abrasivo de algumas ligas de revestimento duro. Este estudo examina o comportamento ao desgaste abrasivo de dois materiais de revestimento duro à base de ferro com diferentes combinações de carbono e crómio após deposição num substrato de aço. Foram estudados os efeitos da carga aplicada e da distância de deslizamento no comportamento de desgaste dos provetes. Os mecanismos de remoção de material em funcionamento também foram analisados através do exame por microscopia eletrónica de varrimento (SEM) de superfícies de desgaste típicas, regiões subsuperficiais e partículas de detritos. Os resultados sugerem uma melhoria significativa na resistência ao desgaste das camadas revestidas em relação ao substrato. Além disso, os espécimes revestidos com o material com baixo teor de carbono e elevado teor de crómio obtiveram uma melhor resistência ao desgaste do que os espécimes constituídos por mais carbono mas menos crómio. Os primeiros espécimes também atingiram uma dureza superior. As ranhuras de abrasão mais suaves nas superfícies de desgaste e a formação de detritos mais finos durante a abrasão das amostras com revestimento duro foram consistentes com a resistência ao desgaste superior à do substrato.

**Sanjay Kumar et al** analisaram que o revestimento duro, uma técnica de modificação da superfície, é utilizado para reconstruir a superfície de uma peça de trabalho. O êxito económico do processo depende da aplicação selectiva do material de revestimento duro e da sua composição química para uma aplicação específica. Neste contexto, foram selecionados três eléctrodos de revestimento duro com diferentes composições químicas e as suas respostas ao desgaste abrasivo foram comparadas com as do aço macio. Foi dada ênfase ao efeito da microestrutura e da composição química na resposta ao desgaste do material de revestimento duro em relação ao aço macio. Observou-se que a taxa de desgaste das ligas de revestimento duro é inferior à do aço macio. A liga de revestimento duro com o teor de crómio mais elevado apresenta a taxa de desgaste mais baixa.

**Chien-Kuo Sha et al** analisaram a utilização do laser de dióxido de carbono de onda contínua (CW CO2) para estudar as caraterísticas do revestimento duro do pó de aço inoxidável S42000 sobre o aço macio K02600. A camada de revestimento foi sobreposta pista a pista e depois camada por camada. Foi também estudado um revestimento duro idêntico em aço macio por soldadura por arco submerso (SAW). O ensaio de desgaste, o ensaio de microdureza, a análise metalográfica, a análise por microscópio eletrónico de varrimento (SEM) e a microanálise por sonda eletrónica (EPMA) foram subsequentemente realizados para comparar estas técnicas de revestimento duro. Os resultados mostraram que a dureza do revestimento a laser era o dobro da dureza do revestimento SAW, e os resultados indicaram que o primeiro tinha propriedades de desgaste superiores às do segundo.

**S. G. Sapate et al** analisaram o comportamento erosivo de partículas sólidas de algumas ligas depositadas por soldadura. Seis ligas diferentes depositadas por soldadura foram selecionadas para a presente investigação. Estas ligas foram depositadas numa placa de aço macio através de uma técnica de soldadura manual por arco metálico. A dureza superficial das ligas selecionadas situava-se na gama de 300-800 Hv. As experiências de erosão por partículas sólidas foram realizadas para investigar o efeito da dureza do material nas caraterísticas E-α destas ligas. Os ensaios de erosão foram realizados com areia de sílica de 100-150 μm e partículas de alumina de 125-150 μm a uma velocidade de 50 m/s e com ângulos de impacto na gama de 15-90. O máximo da taxa de erosão ocorreu em ângulos de impacto de 30 a 90, dependendo da liga. O pico da taxa de erosão deslocou-se para ângulos de impacto mais elevados com o aumento da dureza do material. As superfícies erodidas foram observadas ao microscópio eletrónico de varrimento para estudar os mecanismos de erosão em funcionamento. Em ângulos de impacto mais baixos, os mecanismos de erosão envolvidos foram a aragem e o corte dúctil, enquanto que em ângulos de impacto mais elevados, o material foi removido por indentação, fratura e fadiga de baixo ciclo.

**B.V. Cockeram et al** analisaram que os depósitos de revestimento duro de soldadura à base de ferro são utilizados para proporcionar uma superfície resistente ao desgaste para um material de base estrutural. As ligas de revestimento duro à base de ferro que são resistentes à corrosão em ambientes aquosos oxigenados contêm elevados níveis de crómio e carbono, o que resulta numa microestrutura dendrítica com uma elevada fração volumétrica de carbonetos interdendríticos que proporcionam a resistência ao desgaste necessária. O teor de ferrite das dendrites depende do teor de níquel e da composição de base da liga de revestimento duro à base de ferro. A quantidade de ferrite nas dendrites demonstrou ter uma influência significativa na dureza e na resistência ao desgaste por escoriação, conforme determinado pelos métodos ASTM G98. O ensaio de resistência à fratura (*KIC*), de acordo com os métodos ASTM E399, foi utilizado para quantificar a tolerância ao dano de várias ligas de revestimento duro à base de ferro. Foram utilizados exames fractográficos e de microestrutura para determinar a influência da microestrutura na resistência ao desgaste e na tenacidade à fratura das ligas de revestimento duro à base de ferro. Foi demonstrado um modelo de endurecimento por ponte de fendas para descrever a influência do teor de ferrite na resistência à fratura. Um teor mais elevado de ferrite nas dendrites de uma liga de revestimento duro à base de ferro reduz a tendência para o estiramento plástico e o estrangulamento das dendrites, o que resulta numa melhor resistência ao desgaste, elevada dureza e valores mais baixos de resistência à fratura. Uma liga de revestimento duro NOREM 02 tem o teor de ferrite mais optimizado, o que resulta no equilíbrio mais desejado de resistência à escoriação e valores *KIC* elevados.

**S. Chatterjee et al** analisaram o comportamento ao desgaste abrasivo de diferentes eléctrodos de revestimento duro depositados em ferro fundido cinzento utilizado para a placa de apoio superior de uma unidade de trituração de carvão, utilizando o ensaio de abrasão com roda de borracha em areia seca. Os resultados mostram que os diferentes eléctrodos de revestimento duro, bem como a variação do procedimento de soldadura utilizando eléctrodos semelhantes, têm grandes efeitos na resistência à abrasão a baixa tensão do depósito. Estes efeitos sobre a resistência à abrasão são atribuídos principalmente à variação da química do depósito e das microestruturas. O teor de carbono é um fator importante que determina a microestrutura destes eléctrodos de revestimento duro e, por conseguinte, a resistência ao desgaste. Além disso, o comportamento ao desgaste também indicou que a resistência ao desgaste abrasivo não está simplesmente relacionada com a dureza do depósito, mas é determinada pelos carbonetos e pela estrutura da matriz dos depósitos.

**Behcet Gulenc et al** analisaram que o processo de soldadura por arco submerso é comummente utilizado devido à sua fácil aplicabilidade, à elevada densidade de corrente e à sua capacidade de depositar uma grande quantidade de metal de solda utilizando mais do que um fio ao mesmo tempo, especialmente na restauração de peças desgastadas, o que é de grande importância para os fabricantes. Neste estudo, as peças desgastadas foram soldadas utilizando o processo de soldadura por arco submerso. Para o efeito, foram utilizados vários fios e fluxos. Estas peças soldadas foram submetidas a ensaios de desgaste sob diferentes cargas, tendo sido examinadas as alterações na dureza e nas microestruturas. Foi utilizado um aparelho de ensaio de desgaste do tipo "pin-on-disk". Os resultados mostraram que o metal de solda mais duro apresentou a maior resistência ao desgaste, enquanto o metal de solda menos duro apresentou a menor resistência ao desgaste. Verificou-se que a dureza da soldadura e a resistência ao desgaste obtidas dependiam da composição química do fio de soldadura e do fluxo.

**A.K. Bhaduri et al** analisaram que as ligas de revestimento duro à base de níquel foram escolhidas para substituir as ligas à base de cobalto como material de revestimento duro para os componentes do protótipo indiano de reator de fermentação rápida, para minimizar a taxa de dose para o pessoal durante a manutenção e a desativação e para reduzir a espessura da blindagem necessária para o manuseamento dos componentes. Os cálculos da atividade induzida, da taxa de dose e da blindagem mostraram que a substituição das ligas à base de cobalto por ligas à base de níquel para o revestimento duro dos componentes resultaria numa redução acentuada tanto da taxa de dose dos componentes como da espessura dos frascos de manuseamento de chumbo. Os estudos de envelhecimento a longo prazo dos depósitos de revestimento duro à base de níquel em aço inoxidável austenítico mostraram que o depósito de revestimento duro manteria uma dureza adequada no final da vida útil projectada dos componentes de 40 anos de exposição a 823 K.

**M.F. Buchely et al** analisaram que o revestimento duro é uma das formas mais úteis e económicas de melhorar o desempenho de componentes submetidos a condições de desgaste severas. Foi efectuado um estudo para comparar a microestrutura e a resistência à abrasão de ligas de revestimento reforçadas com carbonetos primários de crómio, carbonetos complexos ou carbonetos de tungsténio. As ligas de revestimento duro foram depositadas em chapas de aço-carbono ASTM A36 por um método de soldadura por arco de metal blindado (SMAW). Foram utilizados três eléctrodos de revestimento duro comerciais diferentes para investigar o efeito da microestrutura. Os ensaios de abrasão foram efectuados numa máquina de abrasão com roda de areia e borracha seca, de acordo com o procedimento A da norma ASTM G65. A caraterização da microestrutura e a análise da superfície foram efectuadas através de microscopia ótica e eletrónica de varrimento. Os resultados mostraram que a resistência ao desgaste é determinada pelo tamanho, forma, distribuição e composição química dos carbonetos, bem como pela microestrutura da matriz. A melhor resistência à abrasão foi obtida em microestruturas compostas por matriz eutéctica e carbonetos primários M7C3 ou MC, enquanto as maiores perdas de massa foram medidas em depósitos completamente eutécticos. Os principais mecanismos de desgaste observados nas superfícies incluíram o micro-corte da matriz e a fratura frágil dos carbonetos.

**S. Chatterjee et al** analisaram o comportamento da erosão por partículas sólidas (SPE) de diferentes eléctrodos de revestimento duro depositados em ferro fundido cinzento (ASTM 2500), utilizando areia de quartzo e minério de ferro como partículas erodentes. O ensaio de erosão foi efectuado de acordo com o método de ensaio ASTM G76. Foram encontradas diferenças consideráveis nas taxas de erosão entre os diferentes eléctrodos de revestimento duro com impacto normal. Tanto a fração volumétrica de carbonetos como o tipo de carbonetos desempenharam um papel importante no comportamento de erosão dos depósitos quando se utilizou areia de quartzo como partículas erodentes. Por outro lado, apenas a fração volumétrica de carbonetos, independentemente do tipo de carboneto, controlou principalmente a taxa de erosão dos mesmos depósitos quando o minério de ferro foi utilizado como partículas erodentes. Esta diferença é atribuída à diferença nos mecanismos de remoção de metal pelas duas partículas erodentes utilizadas. As partículas duras de areia de quartzo foram capazes de danificar a maioria dos carbonetos, enquanto as partículas relativamente mais macias de minério de ferro foram incapazes de fraturar quaisquer carbonetos presentes nas microestruturas. Além disso, a matriz relativamente frágil levou a uma elevada taxa de erosão, o que é significativo no caso da areia de quartzo como erodente, mas não no caso das partículas de minério de ferro. Tal como a resistência à abrasão, a dureza não é um verdadeiro índice de resistência à erosão dos depósitos de revestimento duro.

**V.E. Buchanan et al** analisaram o comportamento ao desgaste abrasivo de revestimentos duros de Fe-Cr-C com base hipereutéctica e hipoeutéctica e interpretaram-no em termos de microestruturas. Os revestimentos foram depositados sobre um substrato de ferro fundido cinzento por soldadura por arco de metal blindado utilizando dois eléctrodos de revestimento duro comerciais. A resistência ao desgaste abrasivo foi efectuada numa máquina modificada do tipo "block-on-ring" que simulava as condições de desgaste verificadas numa fábrica de cana-de-açúcar. Foram efectuados estudos microestruturais utilizando técnicas ópticas e de SEM. Verificou-se que a dureza do revestimento hipereutético era significativamente mais elevada do que a do revestimento hipoeutéctico. Em ambos os casos, a dureza óptima foi alcançada na primeira camada depositada. Os testes de abrasão mostraram que não havia diferença significativa na resistência ao desgaste dos revestimentos duros nas cargas mais elevadas e que havia um comportamento de desgaste contrastante nas condições seca e de lama. Os mecanismos de desgaste abrasivo foram predominantemente microploughing e microcracking nos revestimentos hipoeutécticos e hipereutécticos, respetivamente.

**Kemal Yildizli et al** analisaram o revestimento de chapas de aço de baixo carbono com cordões de soldadura simples, duplos e triplos, utilizando a técnica de soldadura por arco metálico protegido com um elétrodo de elevado teor de manganês. Após a deposição, foram investigados a microestrutura, a dureza e o comportamento de desgaste erosivo das camadas de depósito. Os ensaios de erosão foram realizados em ângulos de impacto de 30, 60 e 90°, utilizando erodente angular com velocidade de partícula de 30 m/s. A partir dos resultados da investigação microestrutural e da medição da dureza, quando cada camada foi processada superficialmente pelo mesmo elétrodo, verificou-se que a microestrutura mudou de martensite com austenite retida para austenite. Os valores de dureza diminuíram com o aumento do número de camadas. Este facto está relacionado com os teores mais elevados de Mn e C em resultado do aumento do número de camadas. Os resultados dos ensaios de erosão mostraram que a taxa de erosão variava em função do ângulo de impacto, bem como do número de camadas. O maior desgaste erosivo ocorreu a 90° para todas as camadas. Tendo em consideração a resistência ao desgaste por erosão, verificou-se que a deposição com uma única passagem deu bons resultados para um ensaio de erosão a baixa velocidade.

**V.E. Buchanan et al** analisaram o comportamento ao desgaste abrasivo de depósitos de Fe-Cr-C com revestimento duro de soldadura por arco metálico protegido (SMAW) utilizados na indústria da cana-de-açúcar e compararam-no com um revestimento experimental de Fe-Cr-B pulverizado por arco. O objetivo era identificar um processo alternativo que tivesse um desempenho igual ou melhor do que o SMAW em termos de desempenho de desgaste num ambiente de desgaste específico. O estudo mostrou que as variações na morfologia dos carbonetos e na estrutura dos depósitos de soldadura produziram diferenças acentuadas na resistência ao desgaste abrasivo seco. O revestimento pulverizado por arco apresentou uma resistência ao desgaste comparável à dos revestimentos SMAW, embora tivesse maior porosidade e a sua microdureza fosse inferior à dos depósitos soldados.

O problema com **Vite et al.** é com o conceito principal, que é a intenção de utilizar a liga Inconel para substituir a liga Stellite como material de revestimento duro para aplicações abrasivas severas. O custo do material de revestimento duro é apenas uma pequena parte de um projeto de revestimento duro. A vantagem de custo das ligas Inconel sobre as ligas de cobalto não é significativa quando se consideram os custos globais de soldadura, maquinagem, vida útil e manutenção. Parece que Vite et al. [M. Vite, M. Castillo, L.H. Hernandez, G. Villa, I.H. Cruz, D. Stephan, Dry and wet abrasive resistance of Inconel 600 and stellite, Wear 258 (2005) 70-76] precisam de compreender melhor os materiais de revestimento duro de cobalto e níquel, admitindo que o revestimento de liga Stellite apresenta melhor resistência ao desgaste do que o Inconel 600. Assim, é evidente que o Inconel 600 não seria adequado como substituto da liga Stellite em condições de abrasão severa.

**M. Kirchgaβner et al** analisaram que as ligas de revestimento duro à base de ferro são amplamente utilizadas para proteger o equipamento de maquinaria exposto quer à abrasão pura quer a uma combinação de abrasão e impacto. O comportamento específico ao desgaste de uma liga de soldadura nestas condições depende da sua composição química, da microestrutura obtida após a soldadura e, finalmente, da tecnologia de soldadura utilizada para as aplicar, respetivamente, os parâmetros que influenciam fortemente, por exemplo, a diluição com o material de base ou a formação de fases duras precipitadas metalurgicamente. O principal objetivo deste estudo foi avaliar o comportamento ao desgaste por abrasão pura e por desgaste combinado de ligas à base de ferro que são tipicamente aplicadas por soldadura por arco de metal a gás (GMAW). Uma nova liga complexa Fe-Cr-W-Mo-Nb com elevado teor de boro foi comparada com materiais de baixa liga à base de Fe-Cr-B-C, uma liga multifásica sintética à base de ferro com cerca de 50 wt.% de carbonetos de tungsténio e uma liga martensítica Fe-Cr-C sem fissuras contendo carbonetos de nióbio finamente precipitados. Para além destas ligas, foi integrada no programa uma liga hipereutéctica convencional Fe-Cr-Nb-C que serve de padrão e que já se encontra bem descrita na literatura. A fim de simular as condições reais de campo à escala laboratorial, foram efectuados testes com uma roda de borracha de areia seca ASTM G65 (abrasão de 3 corpos). Um aparelho impellertumbler especialmente concebido permitiu a investigação de ensaios de desgaste por abrasão por impacto (desgaste combinado por impacto e abrasão). A avaliação do comportamento ao desgaste foi apoiada por investigações micro e macroestruturais e por ensaios de dureza.

**S. Selvi et al** investigaram que o revestimento duro do anel da sede da válvula é feito pelo processo de soldadura manual por arco metálico (MMAW) utilizando três eléctrodos diferentes, a fim de comparar o desempenho dos revestimentos de soldadura. O processo MMAW é selecionado porque o tamanho do componente é comparativamente pequeno e o processo é um processo de todas as posições, altamente versátil e mais económico. Neste estudo, a principal atenção centra-se na influência das variações de carbono e crómio no desgaste, na temperabilidade, na taxa de corrosão, no efeito na microestrutura, etc. O principal objetivo do revestimento duro aqui escolhido como método de reparação, melhoria ou prolongamento económico da vida útil do anel da sede da válvula é proporcionar uma excelente resistência ao desgaste, aumentando a dureza e melhorando a resistência à corrosão. Foram efectuados ensaios microestruturais completos e outros, complementados por um estudo detalhado da dureza. Verificou-se que o carbono e o crómio apoiam a melhoria da resistência ao desgaste, da dureza e da microestrutura refinada, mas o tratamento térmico pós-soldadura (PWHT) resulta numa queda da dureza nos revestimentos de soldadura.

**Xinhong Wang et al** analisaram a produção de diferentes camadas de revestimento duro através do processo de soldadura por arco manual com escudo (SMAW), no qual um elétrodo nu de H08A foi revestido com fluxos, aos quais foram adicionadas diferentes medidas de ferrotitânio (Fe-Ti), ferrovanádio (Fe-V), ferromolibdénio (Fe-Mo) e grafite. Foi investigada a influência dos elementos de liga adicionados na microestrutura e nas propriedades de desgaste das camadas de revestimento duro à base de Fe. Os resultados mostraram que os carbonetos complexos de TiC-VC-Mo2C foram sintetizados através de uma reação metalúrgica durante a soldadura. Os carbonetos estão uniformemente dispersos na matriz. A adição de grafite e ferromolibdénio pode aumentar significativamente a macro-dureza e a resistência ao desgaste da camada de revestimento duro, mas aumenta a sensibilidade à fissuração da camada de revestimento duro. Foi possível obter uma boa resistência à fissuração e resistência ao desgaste da camada de revestimento duro, quando as quantidades de grafite, Fe-Ti, Fe-V e Fe-Mo foram controladas dentro de um intervalo de 8-10%, 12-15%, 10-12% e 2-4%, respetivamente. A resistência ao desgaste da camada depositada revestida com a liga de revestimento duro Fe-Ti-V-Mo-C possui uma maior resistência ao desgaste e um menor coeficiente de atrito do que a da camada depositada revestida com a liga de revestimento duro EDRCrMoWV-A3-15.

**Amado Cruz Crespo et al** analisaram que os eléctrodos revestidos para SMAW têm apresentado as suas vantagens há mais de um século. As formas de melhorar o seu desempenho, em especial para revestimento duro, seriam o aumento da eficiência de transferência de ligante e a diminuição da diluição com o substrato, sem perder a capacidade de produção. Neste trabalho é descrito um estudo de avaliação do comportamento operacional de eléctrodos tubulares revestidos experimentais para revestimento, comparativamente a um elétrodo revestido comercial convencional. Foram realizadas soldaduras de cordão sobre chapa, cobrindo uma vasta gama de correntes de ajuste. Através do processamento dos sinais instantâneos de tensão e corrente, o comportamento de transferência de metal dos eléctrodos foi determinado em cada corrente. As taxas de fusão e deposição, bem como a respectiva eficiência de deposição, foram medidas através da pesagem do elétrodo e das placas de teste antes e depois das soldaduras. Os parâmetros geométricos foram obtidos a partir de secções transversais das soldaduras e a diluição foi calculada. Os resultados foram analisados em condições de mesma corrente ou de mesmo volume de cordão. Foram propostas e discutidas as justificações para as diferenças de comportamento. Concluiu-se que, do ponto de vista operacional, os eléctrodos tubulares revestidos apresentam um desempenho favorável em relação ao elétrodo revestido convencional, permitindo atingir diluições mais baixas, mas mantendo as mesmas taxas de deposição. Estes resultados encorajam novas pesquisas visando a exploração desta conceção de fabricação de eletrodos SMAW.

**R. Choteborsky et al** analisaram que o revestimento duro é uma das formas mais úteis e económicas de melhorar o desempenho de componentes submetidos a condições de desgaste severas. Este estudo foi realizado para comparar a microestrutura e a resistência à abrasão de ligas de revestimento reforçadas com carbonetos de crómio ou carbonetos complexos. As ligas de revestimento duro foram depositadas em chapas de aço de baixo carbono CNS EN S235JR pelo método de soldadura por arco de metal gasoso (GMAW). Foram aplicados diferentes eléctrodos de revestimento duro comerciais para investigar o efeito da dimensão das partículas abrasivas na resistência ao desgaste abrasivo. Os ensaios de abrasão foram efectuados utilizando o ensaio de abrasão de dois corpos de acordo com a norma CSN 01 5084, com panos abrasivos de grãos 80, 120, 240 e 400. A caraterização da microestrutura e a análise da superfície foram efectuadas através de microscopia ótica e eletrónica de varrimento. Os resultados mostram a diferente influência do tamanho das partículas abrasivas na taxa de desgaste para diferentes estruturas do sistema Fe-Cr-C. As estruturas sem carbonetos primários apresentam uma elevada taxa de desgaste abrasivo, que aumenta de forma não linear com o aumento do tamanho das partículas abrasivas. Pelo contrário, as estruturas que contêm carbonetos primários apresentam taxas de desgaste abrasivo baixas e estas taxas aumentam linearmente com o aumento do tamanho das partículas abrasivas.

**H. Winkelmann et al** investigaram quais os processos de desgaste que são os principais responsáveis pela limitação da vida útil da grelha de sinterização. Foram identificados vários processos de desgaste. A temperatura de sinterização, que chega a atingir 800° C, provoca o envelhecimento e a oxidação do material induzidos pela temperatura. A queda do bolo de sinterização sobre a grelha de sinterização provoca grandes impactos, erosão e desgaste abrasivo. Existe uma enorme pressão económica, o que faz com que a solução mais rentável seja a mais atractiva, e não o "melhor" material de revestimento do ponto de vista técnico; assim, as ligas de revestimento duro Fe-Cr-C são mais utilizadas. Tendo em conta o que precede, foram estudadas quatro ligas diferentes que são promissoras para esta aplicação no que respeita à sua resistência ao desgaste. Cada mecanismo de desgaste foi investigado num tribómetro de teste especial. O desgaste por fadiga causado por impactos múltiplos e abrasão foi testado no ensaio de abrasão por impacto contínuo a alta temperatura. O comportamento dos materiais em impactos únicos pesados foi avaliado no ensaio de impacto único. A caraterização da microestrutura e do comportamento ao desgaste foi realizada por microscopia ótica e microscopia eletrónica de varrimento. Os resultados obtidos com a ajuda das diferentes técnicas de medição foram associados e comparados para calcular o desgaste volumétrico do provete. O objetivo deste trabalho foi investigar a influência dos parâmetros do material, tais como a macrodureza, o teor de fases duras e a granulometria da microestrutura, na resistência ao desgaste em aplicações de carga de impacto e abrasivas a altas temperaturas. Os resultados também indicam que a capacidade da matriz para ligar carbonetos a altas temperaturas, bem como a dureza da matriz a altas temperaturas, influenciam fortemente a resistência ao desgaste nos diferentes ensaios. Estes parâmetros materiais estão correlacionados com as taxas de desgaste em diferentes exigências materiais. Os resultados dos ensaios indicam que, a temperaturas mais elevadas, a fadiga do material se torna um fator determinante do desgaste, o que torna muito importantes a dureza da matriz e a capacidade da matriz para ligar carbonetos a altas temperaturas. Em especial, no desgaste abrasivo, é também necessário um certo teor de fases duras para manter o desgaste a um nível mais baixo. Também foi possível demonstrar que, em aplicações de carga de impacto, uma microestrutura grosseira é uma desvantagem.

**Chia-Ming Chang et al** analisaram a produção de uma série de ligas de revestimento duro Fe-Cr-C de elevado teor de carbono por soldadura por arco com gás tungsténio (GTAW). Foram utilizadas cargas de liga de crómio e grafite para depositar as ligas de revestimento duro em substratos de aço ASTM A36. Dependendo das quatro diferentes adições de grafite a estas ligas de enchimento, esta investigação produziu microestruturas hipereutécticas de fase Fe-Cr e carbonetos (Cr,Fe)7C3 em ligas de revestimento duro. Os resultados microestruturais indicaram a existência de carbonetos primários (Cr,Fe)7C3 e colónias eutécticas de [Cr-Fe+(Cr,Fe)7C3] nas ligas de revestimento duro. Com o aumento do teor de C das ligas de revestimento duro, a fração de carbonetos primários (Cr,Fe)7C3 aumentou e o seu tamanho diminuiu. A dureza das ligas de revestimento duro aumentou com a fração de carbonetos primários (Cr,Fe)7C3. Relativamente às caraterísticas abrasivas, a resistência ao desgaste das ligas de revestimento estava relacionada com a fração de carbonetos primários (Cr,Fe)7C3. O mecanismo de desgaste também foi dominado pela fração de carbonetos primários (Cr,Fe)7C3. Menos carbonetos primários resultaram em riscos contínuos desgastados na superfície da liga de revestimento duro. Além disso, a formação de crateras resultou da fratura de carbonetos. No entanto, os riscos tornaram-se descontínuos com o aumento da fração de carbonetos. Mais carbonetos primários podem prevenir eficazmente as colónias eutécticas dos danos causados pelas partículas abrasivas.

**D. Kesavan et al** analisaram que, no presente estudo, a influência da microestrutura no comportamento de desgaste por deslizamento a seco a alta temperatura de um revestimento duro à base de níquel é discutida em pormenor. Utilizando o processo de soldadura por arco com transferência de plasma (PTA), foi depositado um revestimento de cerca de 4 a 5 mm de espessura num substrato de aço inoxidável 316 L (N) sem quaisquer defeitos. O revestimento depositado contém uma grande quantidade de precipitados (de 100 nm a 20 μm de tamanho) na matriz de γ-níquel, o que aumentou significativamente a dureza. Foram efectuados ensaios de desgaste por deslizamento no revestimento para diferentes distâncias de deslizamento à temperatura ambiente (RT) e também a temperaturas mais elevadas (573 K e 823 K). Os resultados mostraram que a resistência ao desgaste do revestimento melhorou significativamente com o aumento da temperatura de ensaio e que a resistência ao desgaste mais elevada foi observada a 823 K. O revestimento apresentou diferentes mecanismos de desgaste em função das distâncias de deslizamento e também da temperatura de ensaio. Os mecanismos de desgaste foram identificados com base nos valores de fricção e desgaste, juntamente com a análise da superfície desgastada. Os mecanismos de desgaste operacionais a 823 K são a adesão a uma distância de deslizamento mais curta e a tribo-oxidação a uma distância de deslizamento mais longa.

**Yang Ke et al** analisaram o bom desempenho de soldadura do fio fluxado de revestimento duro de arco submerso desenvolvido para reparar a superfície do rolo, e a microestrutura, o grau de dureza e a propriedade de resistência ao desgaste das amostras de metal depositadas também foram investigados. Verifica-se que a dureza do metal de revestimento é distribuída de forma homogénea e que a microestrutura é constituída por martensite, austenite residual e precipitados de carbonitreto. Como resultado, o metal de revestimento duro com distribuição homogénea de partículas de carbonitreto muito finas tem uma melhor propriedade de resistência ao desgaste, o que pode aumentar significativamente a vida útil do rolo.

1. **Azimi et al** analisaram neste estudo, a superfície do aço St52 foi ligada com pós pré-colocados 55Fe39Cr6C, 49Fe39Cr6C6Si, e 45Fe39Cr6C10Si utilizando um gás inerte de tungsténio como fonte de calor. Após a liga da superfície, foram utilizadas técnicas de caraterização convencionais, como a microscopia ótica, a microscopia eletrónica de varrimento e a difração de raios X, para estudar a microestrutura da superfície ligada. Foram efectuadas medições de microdureza em toda a zona ligada. Os testes de desgaste por deslizamento a seco à temperatura ambiente foram utilizados para comparar os revestimentos em termos do seu comportamento tribológico. Verificou-se que os revestimentos depositados continham fracções volumétricas mais elevadas de carbonetos (Cr7C3). A presença de 6% de Si nos pós pré-colocados provocou um aumento da microdureza e da resistência ao desgaste.

**Agustin Gualco et al** analisaram o efeito de diferentes tratamentos térmicos pós-soldadura na microestrutura e resistência ao desgaste de depósitos martensíticos. O depósito foi soldado com um fio tubular metalizado, na posição de soldadura plana, numa chapa SAE 1010 de 375×75×19mm, utilizando uma mistura de gases de proteção 98% Ar-2% CO2 e com um aporte térmico médio de 2,8 kJ/mm. As amostras foram tratadas termicamente a temperaturas entre 500 e 680°C durante 2 h. Foram determinadas a composição química, a microdureza de Vicker e as propriedades de desgaste com testes AMSLER em condições de deslizamento. Na condição de soldadura, a microestrutura era composta principalmente por martensite e austenite retida. Foram medidas variações significativas na resistência ao desgaste e na dureza para diferentes temperaturas de têmpera. Para as diferentes condições de tratamento térmico, observou-se que a decomposição da austenite retida em martensite e a precipitação de carbonetos estavam associadas à têmpera da martensite. Foi detectado um efeito secundário de dureza com uma dureza máxima de 710HV para uma temperatura de tratamento térmico de 550°C. O melhor desempenho no ensaio de desgaste foi obtido para esta condição. Foram obtidas taxas de desgaste para as diferentes condições e foram desenvolvidas expressões matemáticas. Para cada caso, foram analisados os mecanismos de desgaste.

**GRC Pradeep et al** analisaram que o desgaste é o fator predominante que controla a vida de qualquer peça de máquina. As peças metálicas falham frequentemente na sua utilização prevista, não porque fracturam, mas porque se desgastam, o que faz com que percam dimensão e funcionalidade. Existem diferentes categorias de desgaste, mas os modos mais típicos são - Abrasão, Impacto, Metálico (metal com metal), Calor, Corrosão, etc. A maioria das peças desgastadas não falha devido a um único modo de desgaste, como o impacto, mas devido a uma combinação de modos, como a abrasão e o impacto, etc.

Ao longo dos anos, tem sido efectuada investigação para reduzir o desgaste, quer sob a forma de utilização de um novo material resistente ao desgaste, quer melhorando a resistência ao desgaste do material existente através da adição de um elemento de liga resistente ao desgaste, etc. São muitos os métodos utilizados na prática. Nos últimos anos, o revestimento duro tornou-se um tema de intenso desenvolvimento relacionado com aplicações resistentes ao desgaste. Neste documento, tentou-se analisar alguns processos e materiais de revestimento duro utilizados para o mesmo e a investigação atual em curso.

**R. Arabi Jeshvaghani et al** analisaram o efeito da liga de superfície na microestrutura e no comportamento de desgaste do ferro dúctil. Neste sentido, as amostras de ferro dúctil foram revestidas por soldaduras de passe simples e duplo de um elétrodo à base de níquel (ENiCrFe3) utilizando soldadura por arco metálico protegido. Foram investigados os efeitos do número de passes na microestrutura, dureza e resistência ao desgaste das camadas revestidas. A microscopia ótica e a difractometria de raios X foram utilizadas para identificar a microestrutura e a composição de fases das camadas revestidas e das interfaces. Os resultados revelaram que as camadas de revestimento são constituídas por austenite (Fe, C),$_{\gamma}$ (Fe, Ni) e pequenas quantidades de carbonetos como Cr7C3. Verificou-se também que a dureza das camadas de revestimento era superior à do substrato. Nas amostras processadas com passagens simples e duplas, a dureza atingiu 500 e 450 HV, respetivamente. Os ensaios de desgaste de pino sobre placa mostraram que o mecanismo de desgaste é predominantemente a delaminação nas camadas revestidas e no substrato.

2. **Sabet et al** analisaram as três ligas de revestimento duro Fe-Cr-C com diferentes teores de carbono e crómio e com uma relação constante de (Cr/C=6) fabricadas por GTAW em substratos de aço macio AISI 1010. As técnicas OES, OM, SEM e XRD e o método de dureza Vickers foram utilizados para determinar a composição química, a dureza e estudar a microestrutura das ligas de revestimento. Os resultados dos exames OES, OM e XRD indicaram que os diferentes teores de carbono e crómio das ligas de revestimento duro produziram estruturas hipoeutécticas/eutécticas/hipereutécticas. Ao aumentar os teores de carbono e crómio na composição química das ligas de revestimento duro, a fração volumétrica do total de (Cr, Fe)7C3 aumenta, o que resulta na diminuição da fração volumétrica total de austenite e no aumento da dureza da superfície. O estudo da microestrutura após o ensaio de desgaste (ASTM G65) mostra que, na extremidade da superfície desgastada, ocorreu a transformação da austenite em martensite em todas as amostras. Os resultados do ensaio de desgaste indicam que a maior resistência ao desgaste é obtida na estrutura hipoeutéctica com dureza máxima após o ensaio de desgaste. Além disso, os micromecanismos de desgaste abrasivo na estrutura hipoeutéctica/eutéctica/hipereutéctica foram reconhecidos como: lavra + corte/ lavra + corte + fissuração/fissuração + corte, respetivamente.

# CAPÍTULO 3

# FORMULAÇÃO DE PROBLEMAS

A pesquisa bibliográfica revela que é necessário trabalhar na melhoria da superfície das propriedades do aço inoxidável. Atualmente, não existe nenhuma técnica comercial disponível no mercado para aumentar a vida útil das propriedades do aço inoxidável e milhões de toneladas de metal são desperdiçadas em desgaste. O objetivo do trabalho de projeto é decidir e adotar uma técnica de revestimento duro para melhorar a superfície.

Com base na formação do problema e tendo em conta a abordagem acima mencionada, o presente trabalho foi realizado e são estudadas as seguintes questões-chave

1. Identificação e seleção de ligas de revestimento duro disponíveis no mercado.

2. Estabelecimento da gama de trabalho da experiência e dos testes laboratoriais para o presente estudo.

3. Determinação da microdureza, da taxa de desgaste e da vida útil do equipamento.

4. Realização de ensaios reais no terreno e em laboratório, de acordo com as normas ASTM.

5. Análise de custos para a seleção de uma determinada liga de revestimento duro.

## OBJECTIVO DO ESTUDO

- Estudar o teor de carbono desejável.

- Estudar o efeito do material do elétrodo nas propriedades de desgaste e na dureza obtida após o revestimento.

- Estudar o comportamento da microestrutura do metal depositado.

- Determinar o efeito do material do elétrodo no nível de diluição e na qualidade dos depósitos

- Realizar estudos comparativos para encontrar o melhor elétrodo de revestimento duro disponível em relação aos objectivos acima mencionados.

# CAPÍTULO 4

# EXPERIMENTAÇÃO

Para atingir os objectivos definidos na formulação do problema, com base na literatura pesquisada, a experimentação foi planeada de duas maneiras: primeiro, decidiu-se efetuar os ensaios para realizar estudos de viabilidade e decidir a gama paramétrica para a experimentação. Em seguida, procedeu-se a ensaios reais ou à experimentação para explorar os objectivos definidos. No subtópico seguinte, é abordado o pormenor de cada aspeto.

## 4.1 SELECÇÃO DO METAL DE BASE

O aço inoxidável foi selecionado como material de base para efeitos de revestimento duro, uma vez que sabemos que é utilizado principalmente numa vasta aplicação na indústria de fabrico.

**Fig. 4.1 Aço inoxidável (metal de base)**

A composição geral do aço inoxidável é apresentada a seguir:

**Tabela 4.1 Composição química do metal de base**

| C | 0.053 % |
|---|---|

| | |
|---|---|
| Mn | 1.170 % |
| S | 0.005 % |
| P | 0.033 % |
| Si | 0.290 % |
| Ni | 8.080 % |
| Cr | 18.060 % |

## 4.2 SELECÇÃO DO PROCESSO DE SOLDADURA

Existem vários métodos de soldadura diferentes que podem ser utilizados para o revestimento duro. A soldadura por arco metálico blindado (SMAW) é mais utilizada para o revestimento duro devido à sua fácil operação e baixo custo. Por isso, o SMAW foi selecionado como processo de revestimento duro.

## 4.3 SELECÇÃO DE ELÉCTRODOS

Foram selecionados três tipos diferentes de eléctrodos de revestimento duro à base de ferro, que estão comercialmente disponíveis no mercado. Os dois eléctrodos são da marca "MARUTI" e um elétrodo é da marca "MODI". Foi realizada uma pesquisa no mercado para encontrar vários eléctrodos de revestimento adequados para o revestimento do material de aço inoxidável. Estes eléctrodos de revestimento são habitualmente utilizados para esse fim. Os diferentes eléctrodos e composições são apresentados a seguir:

**1. Elétrodo de liga dura 400 (baixo teor de carbono)**

Elétrodo de tipo rutílico desenvolvido para o revestimento duro de aços sujeitos a desgaste por abrasão e impacto. O arco muito estável e a transferência suave de elementos de liga para o depósito de solda garantem um metal de solda completamente livre de fissuras. O metal de solda é do tipo endurecimento ao ar e dá uma dureza de 350-450 BHN.

**Tabela 4.2 Composição química da liga dura 400**

| | |
|---|---|
| C | 0.2-0.4 % |
| Mn | 0.4-0.8 % |
| Si | 0.6 % |
| Cr | 2.5-3.0 % |

**Fig. 4.2 Liga dura 400**

## 2. Elétrodo de Hardaloy III (teor médio de carbono)

Elétrodo de endurecimento por ar do tipo rútilo com revestimento médio-pesado para aplicações de revestimento duro em aço macio, aço-carbono e aço de baixa liga em que é necessária uma dureza Brinell de 550. As soldaduras não são maquináveis e só podem ser esmeriladas. A escória é facilmente destacável.

**Tabela 4.3 Composição química da Hardaloy III**

| | |
|---|---|
| C | 0.60 % |
| Mn | 0.35 % |
| Si | 0.40 % |
| Cr | 6.50 % |
| Mo | 0.55 % |
| Va | 0.45 % |

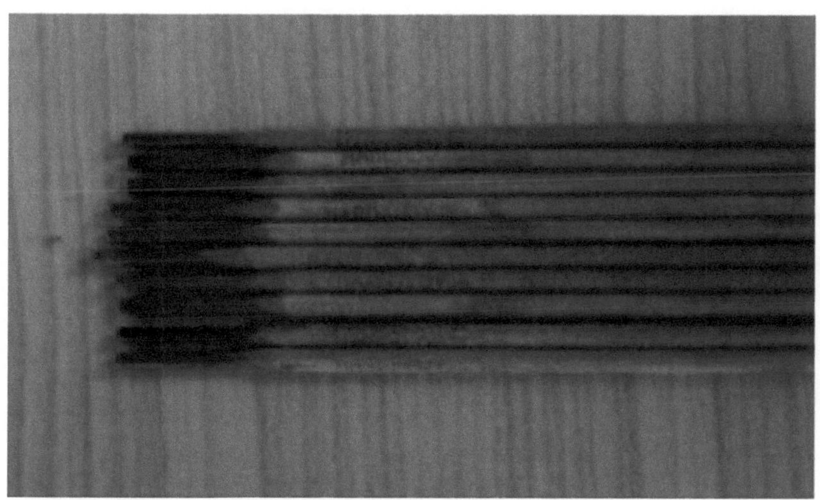

**Fig. 4.3 Hardaloy III**

## 3. Elétrodo de Hardaloy V (elevado teor de carbono)

Um elétrodo grafítico de tipo básico com revestimento médio-pesado para revestimento duro e construção de peças e componentes de máquinas desgastados. Os cordões de soldadura são planos e lisos. A escória é facilmente destacável. O metal de solda é uma liga de ferro fundido que é dura e extremamente resistente à abrasão e ao desgaste de metal para metal.

**Tabela 4.4 Composição química do Hardaloy V**

| | |
|---|---|
| C | 2.50 % |
| Mn | 1.20 % |
| Si | 0.35 % |
| Cr | 3.50 % |

Fig. 4.4 Liga dura V

## 4.4 EXPERIMENTAÇÃO

### 4.4.1 Preparação do material de base

O aço inoxidável (150×150×10) $mm^3$ foi selecionado com base na pesquisa bibliográfica e na experiência dos ensaios para o presente estudo. As amostras de aço inoxidável foram tomadas como metal de base ou material de substrato sobre o qual o material de revestimento duro tem de ser depositado por soldadura SMAW, primeiro utilizando um cordão simples e depois seguido de um cordão duplo em ensaios.

As experiências são realizadas na oficina de soldadura da Universidade Punjabi de Patiala. São utilizadas seis peças planas de aço inoxidável para uma experiência e três eléctrodos diferentes para depositar as camadas no material de base. Os três eléctrodos diferentes são marcados como E1, E2 e E3. O primeiro elétrodo, **Hard Alloy 400**, é marcado como "**E1**", o segundo elétrodo, **Hardaloy III**, é marcado como "**E2**" e o terceiro e último elétrodo, **Hardaloy V**, é marcado como "**E3**".

### 4.4.2 Realização de ensaios

Para selecionar a gama paramétrica para o elétrodo de revestimento duro correspondente, foram realizados ensaios com uma vasta gama de parâmetros para o elétrodo simples e duplo em relação a cada elétrodo.

Foram preparados e examinados visualmente vários espécimes e, em seguida, foram selecionados espécimes selectivos para investigações adicionais com base no exame visual. Foram realizados ensaios de dureza, microexames e ensaios de desgaste nas amostras selecionadas

### 4.4.3 Realização de corridas reais

- De acordo com os dados gerados pelos ensaios, as experiências reais foram conduzidas colocando os cordões de diferentes eléctrodos com valores predefinidos de parâmetros de soldadura.

- Foram colocadas camadas simples e duplas.

- Os espécimes cortados foram retirados para avaliação da microdureza, da microestrutura e do desgaste.

As condições experimentais para a realização de ensaios reais são mencionadas no quadro 3.3 para cada tipo de elétrodo e categoria de ensaio.

- Foram depositadas duas camadas a partir de cada elétrodo. Uma era de camada única e a outra de camada dupla. A camada dupla foi depositada com uma sobreposição de 50% da camada única previamente depositada. No total, foram cortadas seis peças da peça de trabalho. Três delas eram de camada simples, marcadas como E1, E2 e E3. E as outras três eram de camada dupla, marcadas como $(E1)^2$ , $(E2)^2$ e $(E3)^2$

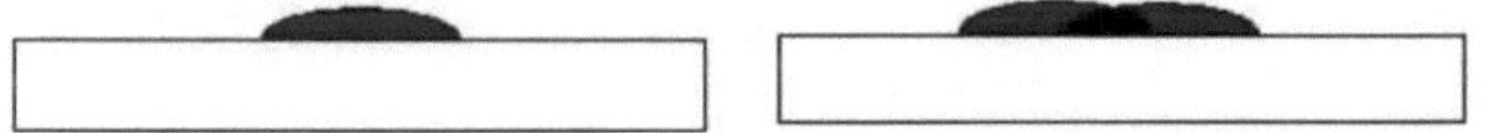

**Fig. 4.5(a) Amostra com deposição de camada única Fig. 4.5(b) Amostra com deposição de camada dupla**

Depois de limpar as superfícies das peças planas de aço inoxidável com papel ambry, a experiência é iniciada. Através dos eléctrodos, a camada de $1^{st}$ é depositada nas peças planas de aço inoxidável, como indicado na tabela seguinte:-

**Tabela4.5(a) $1^{ST}$ camada é depositada sobre estas amostras**

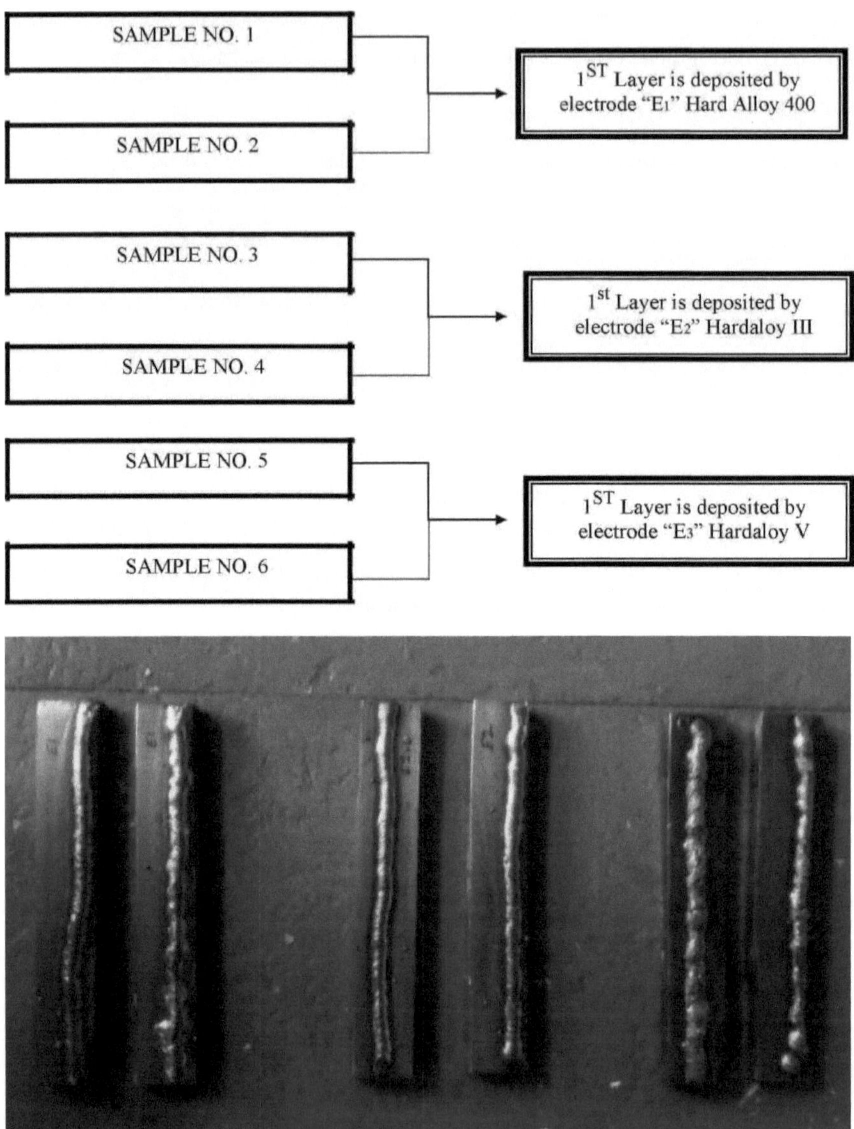


**Fig. 4.6 Amostras com camada única**

Depois de depositar a camada $1^{st}$ de três eléctrodos E1, E2 e E3 nas peças de aço inoxidável, como indicado na tabela acima. Em seguida, após $1^{st}$ camada, a segunda camada é depositada nas amostras, como indicado na tabela abaixo:-

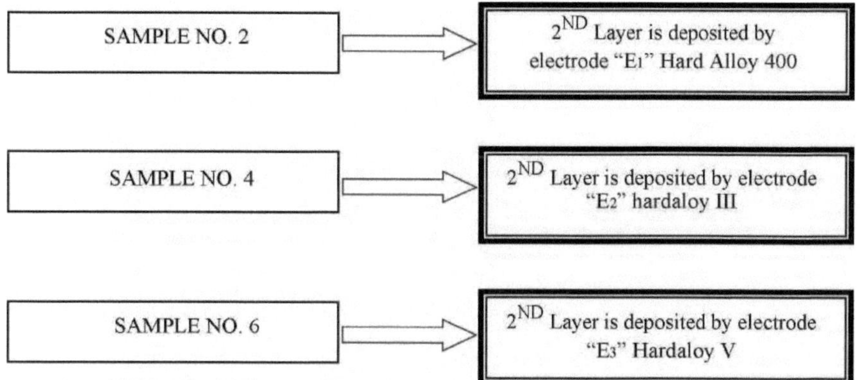


**Tabela 4.5(b) 2 A camada^nd é depositada nesta amostra**

As várias amostras de trabalho são apresentadas nas Fig. 4.7, Fig. 4.8 e Fig. 4.9

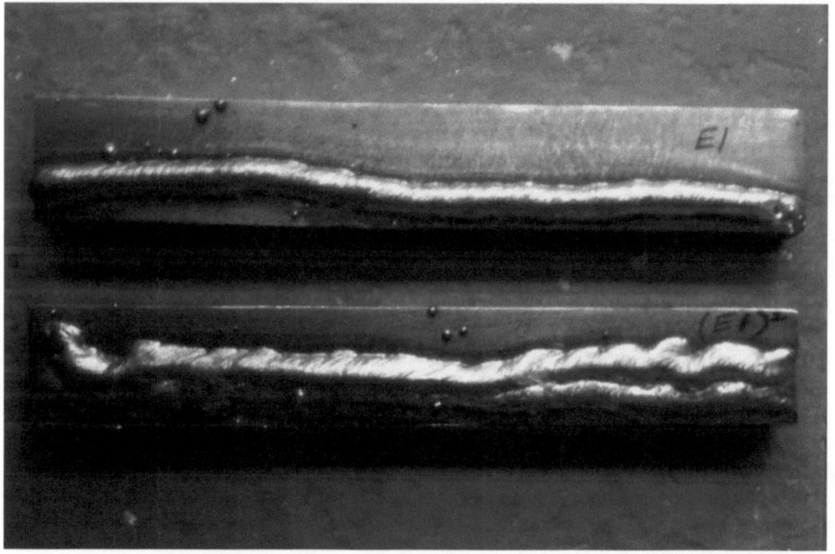


**Fig. 4.7 Amostra E1 & $(E1)^2$**

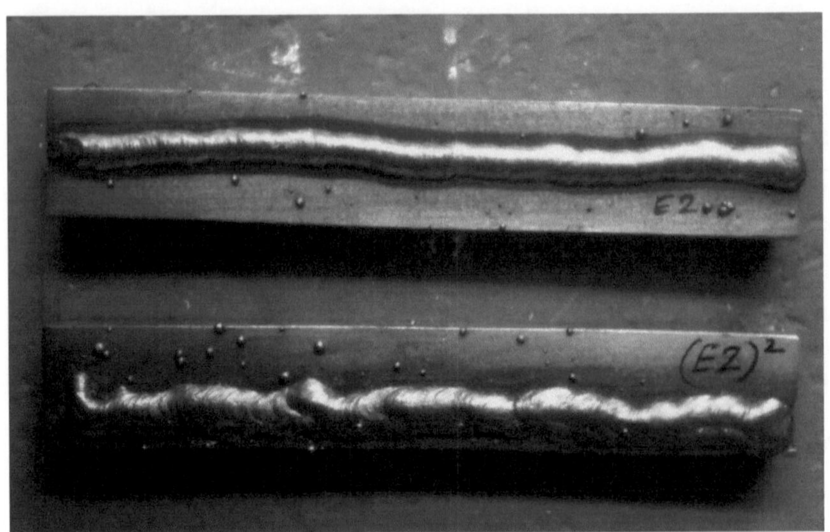


Fig. 4.8 Amostra E2 & $(E2)^2$

Fig. 4.9 Amostra E3 & $(E3)^2$

**Tabela 4.6 Condições experimentais utilizadas no processo de soldadura**

| Categoria de amostras | Elétrodo | Corrente(A) | Tensão(V) | Tipo de camada |
|---|---|---|---|---|

| Ei | Ei | 100 | 22 | Camada única |
|---|---|---|---|---|
| $(Ei)^2$ | Ei | 100 | 22 | Camada dupla |
| E2 | E2 | 80 | 25 | Camada única |
| (E2)2 | E2 | 80 | 25 | Camada dupla |
| E3 | E3 | 90 | 23 | Camada única |
| (E3)2 | E3 | 90 | 23 | Camada dupla |

## 4.5 DEPÓSITO

Uma camada de elétrodo de revestimento duro é depositada na superfície de trabalho das peças de aço inoxidável com soldadura por arco metálico protegido. A SMAW está disponível comercialmente a preços muito baixos, uma vez que utiliza a soldadura por arco DC e um suporte de elétrodo simples. Uma camada de três ou quatro mm de revestimento duro é depositada na superfície sob desgaste em vez de em toda a superfície, uma vez que se observa nas amostras antigas de aço inoxidável desgastado que toda a área da superfície superior não está sob desgaste.

Esta fotografia foi tirada durante o revestimento de peças planas de aço inoxidável na experiência.

## 4.6 TESTE DE LABORATÓRIO

Após a aplicação do revestimento duro, são efectuados três ensaios principais

1. Ensaio de microdureza numa máquina de ensaio de microdureza.
2. Ensaio de microestrutura em máquina de microescopo metalúrgico.
3. Ensaio de desgaste na máquina Pin-on-Disc.

### 3.1.1 Ensaio de microdureza em máquina de ensaio de microdureza

Uma amostra quadrada de 25×25 mm é cortada das peças de aço inoxidável com revestimento duro com a ajuda de uma máquina de retificação de superfícies. As quatro faces laterais das amostras são tornadas paralelas e depois rectificadas em ângulos rectos. Em seguida, a superfície é preparada para o ensaio de microdureza num aparelho de medição da microdureza. A preparação das amostras para a microdureza inclui:

(i) Retificação de superfícies paralelas por máquina de retificação de superfícies.

(ii) A superfície é acabada pela operação de acabamento na máquina de moagem.

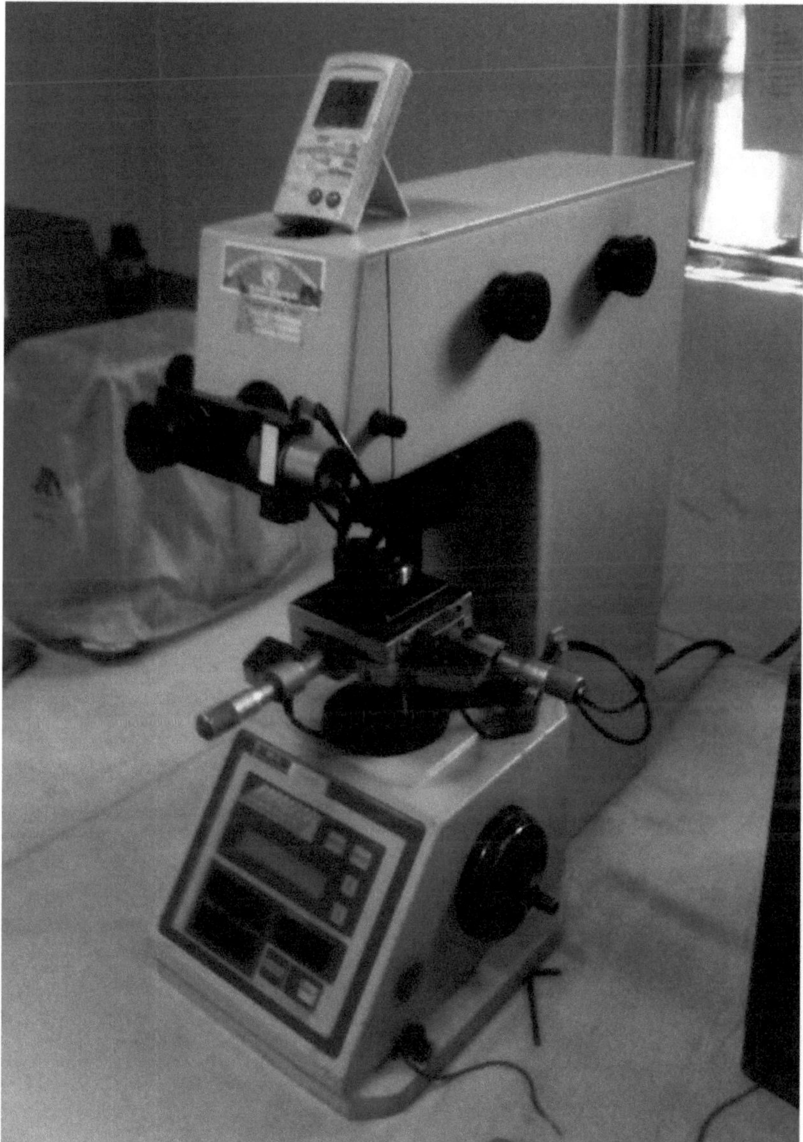

**Fig. 4.11 Imagem da máquina de teste de microdureza**

### 4.5.2 Ensaio de microestrutura em micro máquina metalúrgica

Uma amostra quadrada de 25×25 mm é cortada das peças de aço inoxidável com revestimento duro com a ajuda de uma máquina de retificação de superfícies. As quatro faces laterais das amostras são paralelas e depois rectificadas em ângulos rectos. Em seguida, a superfície é preparada para o ensaio da microestrutura numa máquina de microescopo metalúrgico. A preparação das amostras para a microestrutura inclui

(i) Retificação de superfícies paralelas por máquina de retificação de superfícies.

(ii) A superfície é acabada pela operação de acabamento na máquina de moagem.

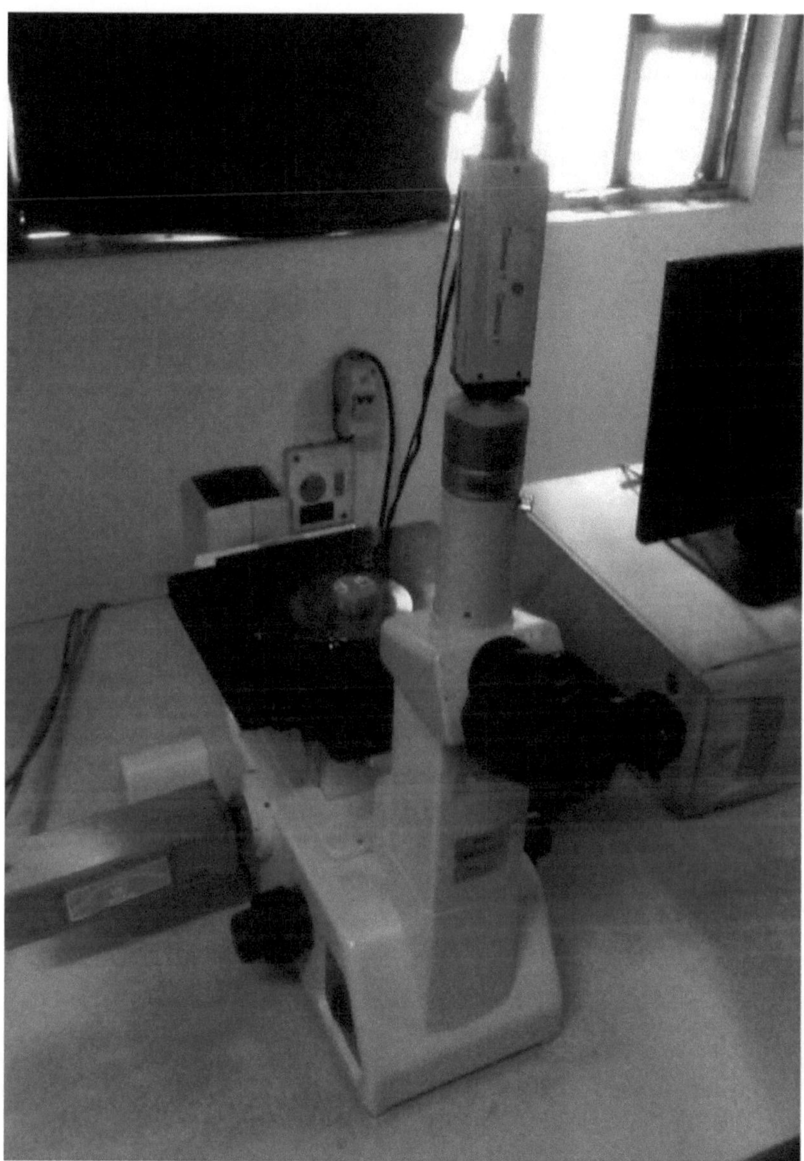

Fig. 4.12 Imagem da máquina de microscopia metalúrgica

### 4.4.3 Desgaste testado por pino na máquina de disco.

Os ensaios de desgaste foram efectuados no Campus GZS da Universidade Técnica de Punjab, em Bathinda. Para o ensaio de desgaste, foi utilizada uma máquina de ensaio de desgaste de pinos no disco. A máquina de ensaio de desgaste de disco com pino só pode conter amostras em forma de pino, pelo que estas amostras foram fabricadas sob a forma de pino para o ensaio de desgaste. Em seguida, a amostra do tipo pino é mantida no pino na máquina de teste de desgaste do disco, a ponta da solda foi colocada contra a roda rotativa. O tamanho da amostra do tipo pino era **de 12 mm de diâmetro** e **30 mm de comprimento** da amostra do pino. A figura abaixo mostra a configuração das amostras do tipo pino.

**4.4.3(a) Figura Amostras do tipo pino para ensaio de desgaste.**

Para cada ensaio de desgaste, foi utilizada uma nova roda rotativa para garantir condições de desgaste iniciais idênticas. Todas as amostras do tipo pino foram inicialmente pesadas antes do ensaio e pesadas no final após a realização do ensaio e, em seguida, calculámos a taxa média de desgaste em gramas por hora. O ensaio de desgaste foi efectuado nas seguintes condições:

- A velocidade da roda rotativa é de 475 rpm.
- Carga constante aplicada de 3 kg.
- O tempo de espera de uma amostra do tipo pino é de 15 minutos.

A figura seguinte mostra a configuração do ensaio de desgaste:

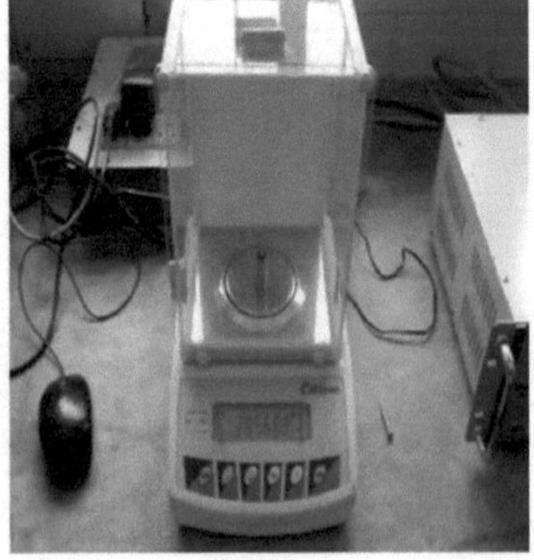

**4.4.3(b) Aparelho de ensaio de desgaste de pinos em discos. 4.4.3.c) Máquina eletrónica de pesagem**

Antes do ensaio de desgaste, a superfície de todos os espécimes foi polida com diamante. A taxa de desgaste em micrómetros (μm) foi monitorizada automaticamente pelo software Lab View durante o ensaio de desgaste. A superfície desgastada e as secções transversais das amostras foram examinadas utilizando o microscópio eletrónico de varrimento (SEM).

## CAPÍTULO 5

## RESULTADOS E DEBATES

### 5.1 ENSAIO DE MICRODUREZA

São utilizados eléctrodos de revestimento duro das marcas "Modi" e "Maruti" e a gama de dureza dos diferentes eléctrodos, tal como declarada pelo fabricante, é apresentada na tabela seguinte:

**Quadro 5.1**

| Liga dura 400 (E1) | Hardaloy III (E2) | Hardaloy V (E3) |
|---|---|---|
| 350 - 450 BHN | 600 BHN | 600BHN |

**Ensaio de microdureza em máquina de ensaio de microdureza**

Uma amostra quadrada de 25×25 mm é cortada das peças de aço inoxidável com revestimento duro com a ajuda de uma máquina de retificação de superfícies. As quatro faces laterais das amostras são tornadas paralelas e depois rectificadas em ângulos rectos. Em seguida, a superfície é preparada para o ensaio de microdureza num aparelho de medição da microdureza. A preparação das amostras para a microdureza inclui:

(i) Retificação de superfícies paralelas por máquina de retificação de superfícies.

(ii) A superfície é acabada pela operação de acabamento na máquina de moagem.

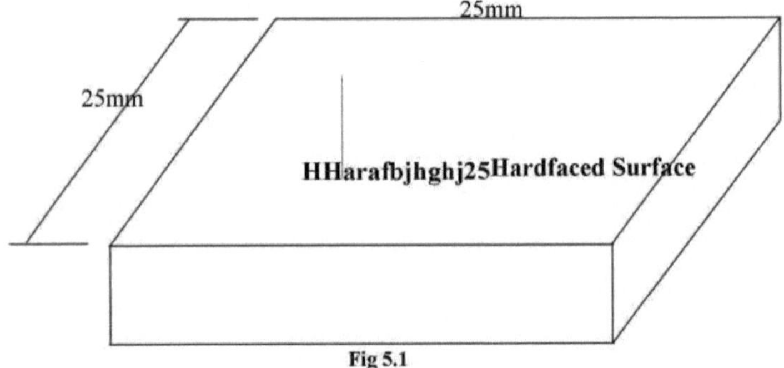


Fig 5.1

**Quadro 5.2**

| **Amostras** | **Eléctrodos** | **Tipo de camada** | **Dureza (HV)** |
|---|---|---|---|
| Amostra 1 | E1 | Camada única | 534 |
| Amostra 2 | E2 | Camada única | 442 |

| Amostra 3 | E3 | Camada única | 375 |
|---|---|---|---|
| Amostra 4 | $(E1)^2$ | Camada dupla | 610 |
| Amostra 5 | $(E2)^2$ | Camada dupla | 587 |
| Amostra 6 | (E3)2 | Camada dupla | 440 |

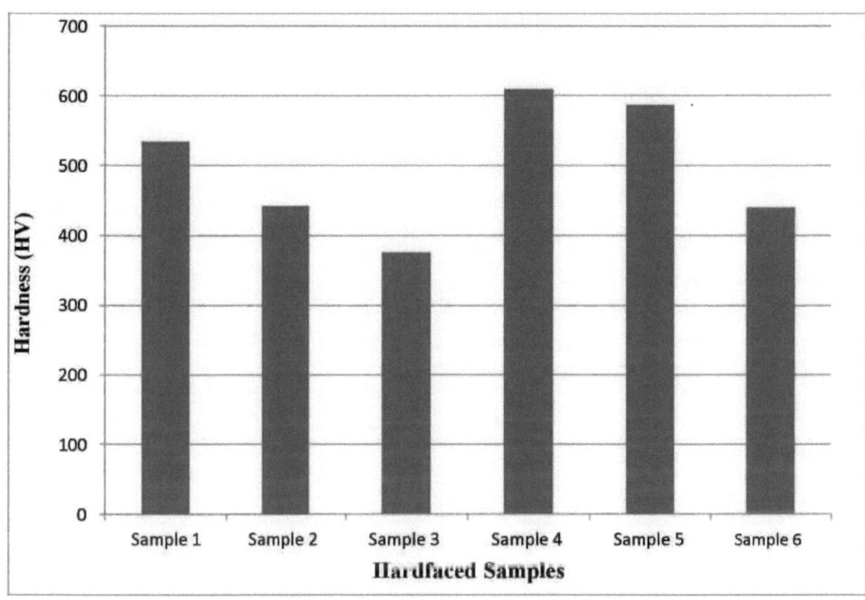


**Graph 5.1**

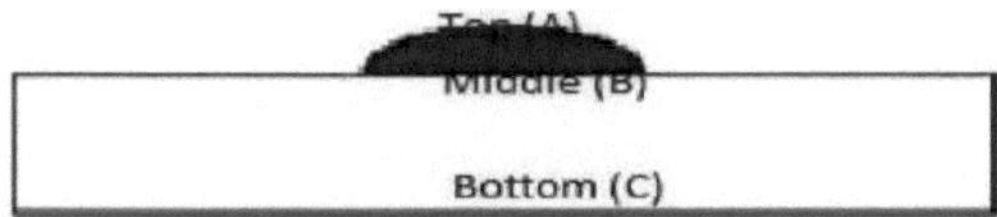


**Fig 5.2 Amostra com revestimento duro**

**Tabela 5.3 Dureza (HV) em 3 posições diferentes das amostras**

| | Amostra 1 | Amostra 2 | Amostra 3 | Amostra 4 | Amostra 5 | Amostra 6 | Amostra 7 |
|---|---|---|---|---|---|---|---|
| Topo (A) | 534 | 442 | 375 | 610 | 587 | 440 | 254 |
| Médio (B) | 269 | 261 | 278 | 464 | 553 | 399 | 254 |
| Fundo (C) | 244 | 246 | 251 | 256 | 254 | 263 | 254 |

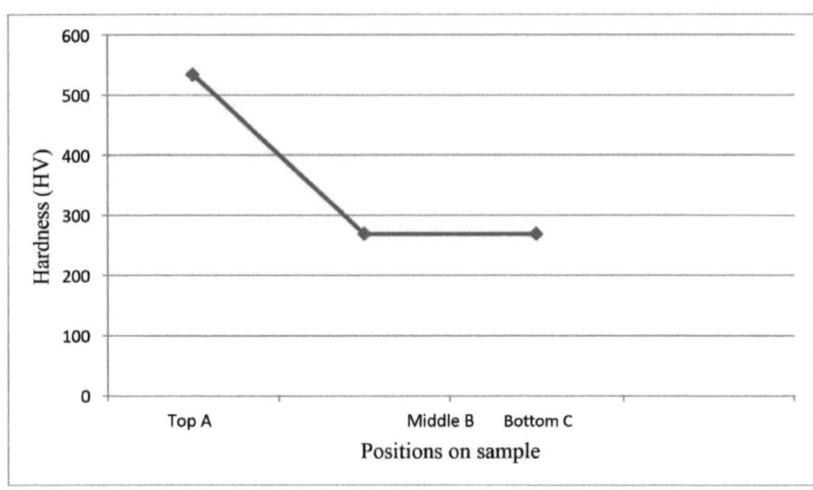


**Gráfico 5.2 Microdureza da amostra 1**

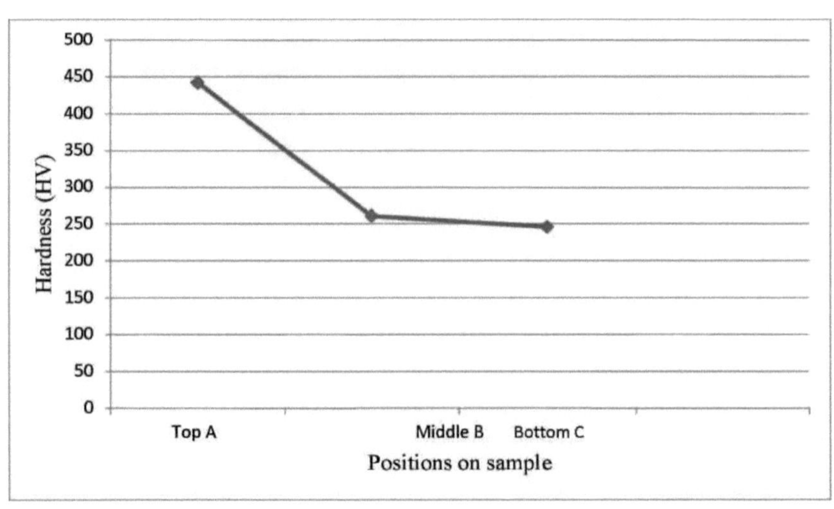


**Gráfico 5.3 Microdureza da amostra 2**

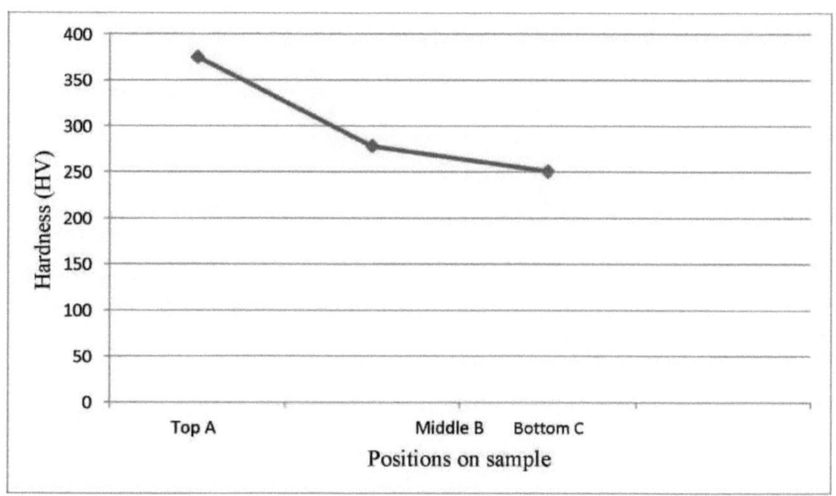


**Gráfico 5.4 Microdureza da amostra 3**

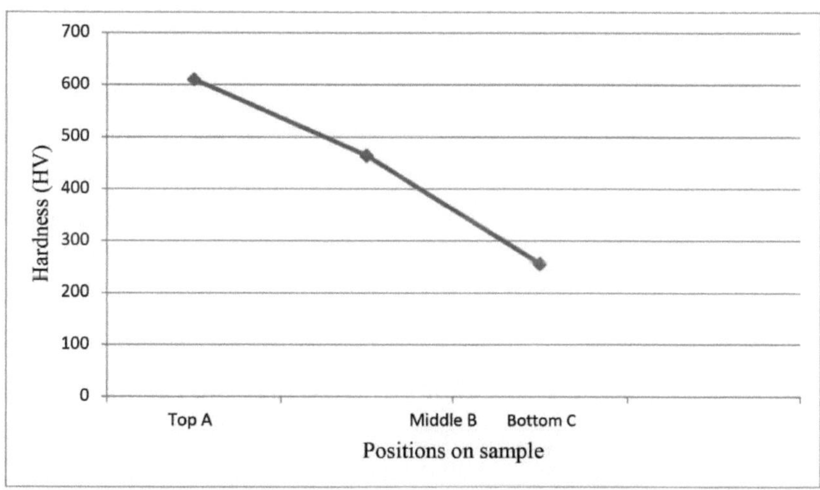


**Gráfico 5.5 Microdureza da amostra 4**

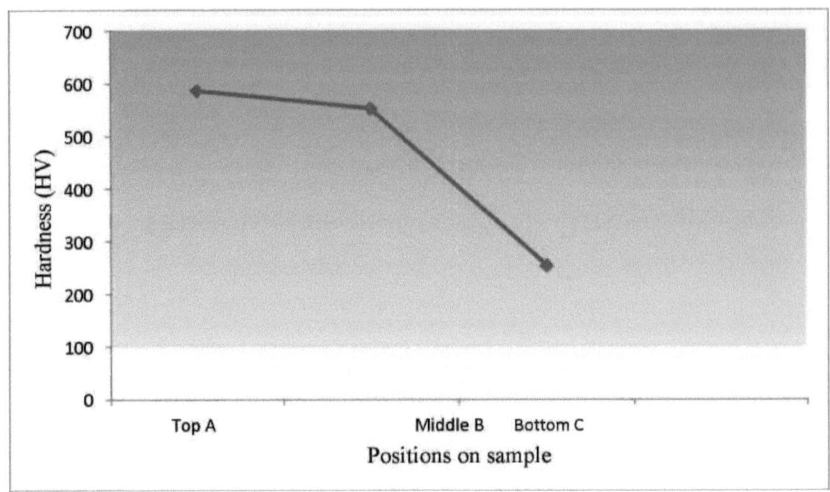


**Gráfico 5.6 Microdureza da amostra 5**

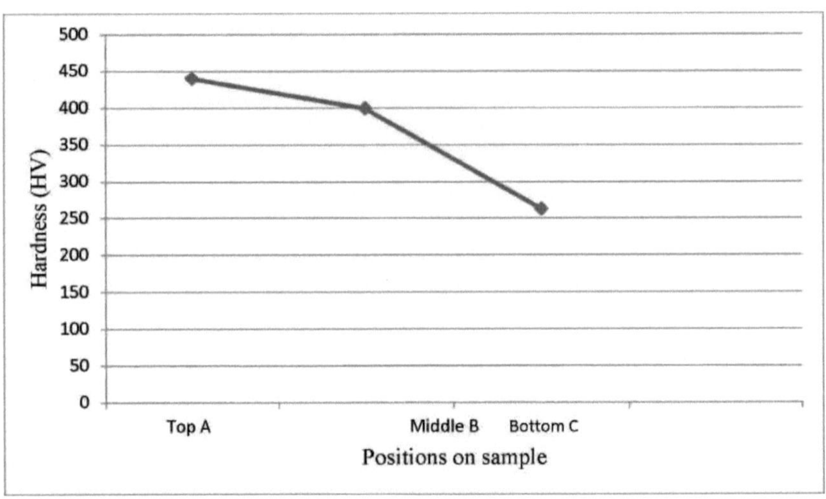


**Gráfico 5.7 Microdureza da amostra 6**

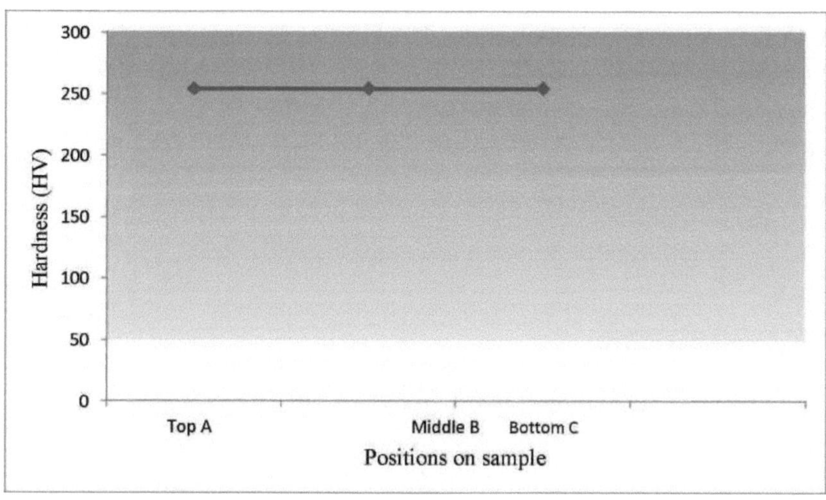


**Gráfico 5.8 Amostra 7 (sem revestimento duro)**

## 5.2 ENSAIOS DE MICROESTRUTURA

Uma amostra quadrada de 25×25 mm é cortada a partir de peças planas de aço inoxidável com a ajuda de uma máquina de retificação de superfícies. As quatro faces laterais das amostras são tornadas paralelas e depois rectificadas em ângulos rectos. Em seguida, a superfície é preparada para o ensaio da microestrutura numa máquina de microscópio metalúrgico. A preparação das amostras para o ensaio da microestrutura inclui

(i) Retificação de superfícies paralelas por máquina de retificação de superfícies.

(ii) A superfície é acabada pela operação de acabamento na máquina de moagem.

*Foram* selecionadas as microestruturas das amostras $E1^2$ , $E2^2$ e $E3^2$ . As estruturas completas destas amostras são apresentadas a seguir:-

**Microestrutura da amostra $E1^2$ com dureza 610 HV**

As caraterísticas da microestrutura da camada de revestimento duro, que foi produzida pelo elétrodo de revestimento duro. A microestrutura do metal de base consiste em grãos austeníticos, como se mostra na figura, com tamanhos de grão que variam entre 7-8 ASTM. Pode ser visto que há um número de pequenas partículas com tamanho de cerca de 1-3 µm embutidas na matriz. As partículas têm uma forma irregularmente cuboidal com uma distribuição dispersa na matriz. Embora algumas áreas apresentem mais partículas do que outras, em geral a distribuição das partículas é uniforme na matriz. A microestrutura da zona afetada pelo calor (ZTA) é constituída por grãos austeníticos grosseiros. A microestrutura do cordão de soldadura é constituída por bainite superior. A caraterização da microestrutura foi efectuada através de microscopia ótica, após gravação com Nital 500×3%. A composição global da camada de revestimento duro é 0,2-0,4 C-0,4-0,8 Mn- 2,5-3 Cr-0,6 Si. A dureza média da dupla camada é de 610 HV.

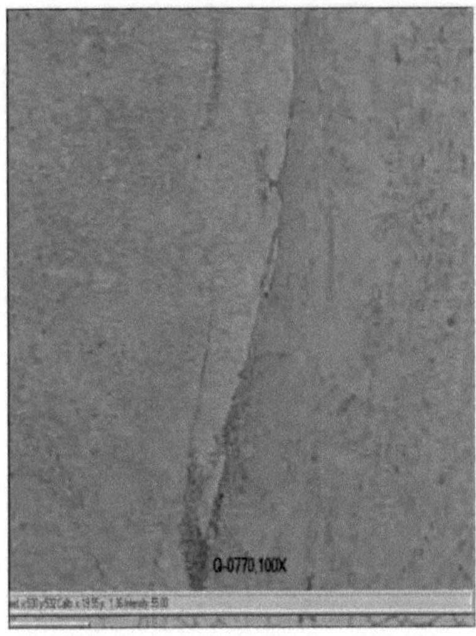


Fig 5.3a

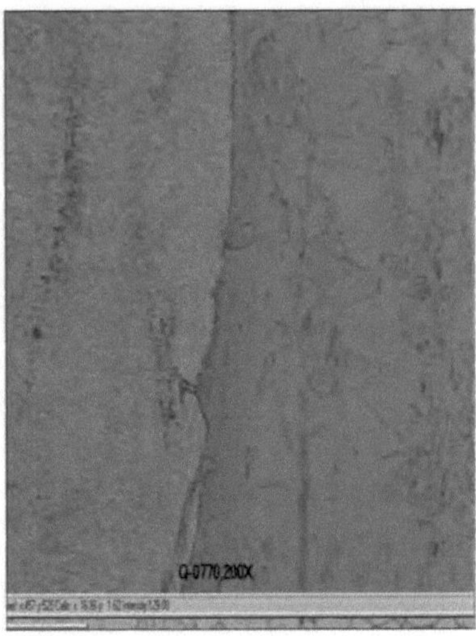


Fig 5.3b

Metal de base: - A microestrutura é constituída por grãos austeníticos.

Granulometria 7-8 ASTM.

Zona afetada pelo calor (ZTA): - A microestrutura é constituída por grãos austeníticos grosseiros

Cordão de soldadura:-A microestrutura é constituída por bainite superior.

500×3% Nital etch.

**Microestrutura da amostra $E2^2$ com dureza 587 HV**

As caraterísticas da microestrutura da camada de revestimento duro, que foi produzida pelo elétrodo de revestimento duro. A microestrutura do metal de base consiste em grãos austeníticos, como se mostra na figura, com tamanhos de grão que variam entre 7-8 ASTM. Pode ser visto que há um número de pequenas partículas com tamanho de cerca de 1-3 µm embutidas na matriz. As partículas têm uma forma irregularmente cuboidal com distribuição dispersa na matriz. Embora algumas áreas

A microestrutura do aço apresenta mais partículas do que outras, mas em geral a distribuição das partículas é uniforme na matriz. A microestrutura da zona termicamente afetada (ZTA) é constituída por grãos austeníticos grosseiros. A microestrutura do cordão de soldadura é constituída por uma estrutura acicular. A caraterização da microestrutura foi efectuada através de microscopia ótica após gravação com Nital 500×3%. A composição global da camada de revestimento duro é 0,6C-0,35Mn-6,5Cr- 0,4Si- 0,55Mo- 0,45Va. A dureza média da dupla camada é de 587 HV.

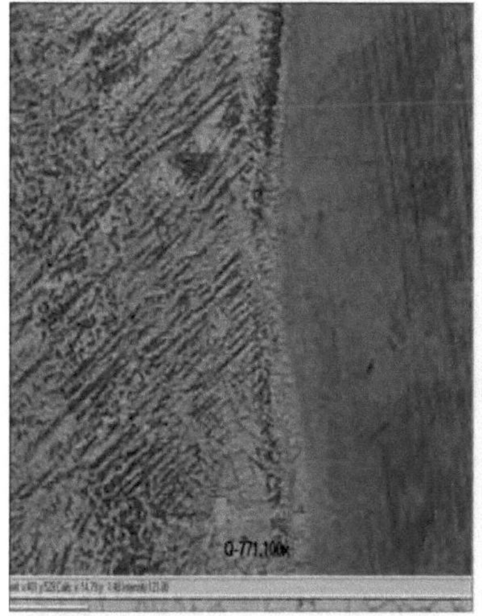

Fig. 5.4a

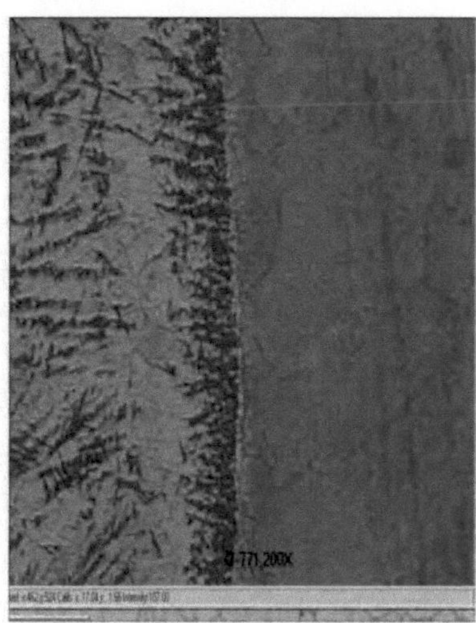

Fig. 5.4b

Metal de base: - A microestrutura é constituída por grãos austeníticos.

Granulometria 7-8 ASTM.

Zona afetada pelo calor (ZTA): - A microestrutura é constituída por grãos austeníticos grosseiros.

A microestrutura de Weldbeadi consiste numa estrutura acicular.

500×3% Nital etch.

**Microestrutura da amostra E3² com dureza 440HV**

As caraterísticas microestruturais da camada de revestimento duro, que foi produzida pelo elétrodo de revestimento duro. A microestrutura do metal de base consiste em grãos austeníticos, como se mostra na figura, com tamanhos de grão que variam entre 7-8 ASTM. Pode ser visto que há um número de pequenas partículas com tamanho de cerca de 1-3 μm embutidas na matriz. As partículas têm uma forma irregularmente cuboidal com uma distribuição dispersa na matriz. Embora algumas áreas apresentem mais partículas do que outras, em geral a distribuição das partículas é uniforme na matriz. A zona afetada pelo calor (ZTA) da microestrutura consiste em grãos austeníticos grosseiros. A microestrutura do cordão de solda consiste em solidificação dendrítica. A caraterização da microestrutura foi efectuada através de microscopia ótica após a gravação com Nital 500×3%. A composição global da camada de revestimento duro é 2.50C-1.20Mn- 3.50Cr- 0.35Si. A dureza média da dupla camada é de 440 HV.

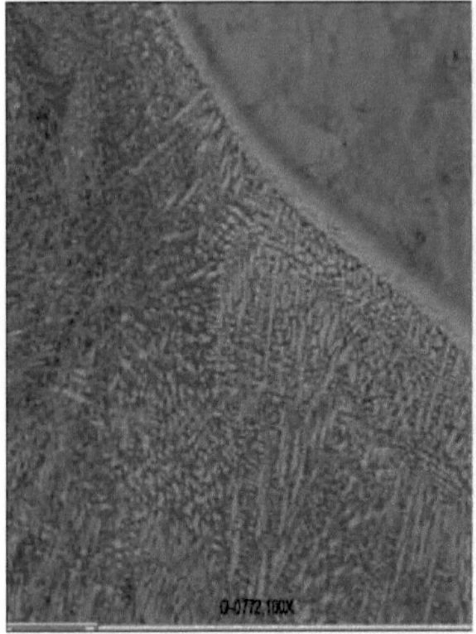


Fig. 5.5a

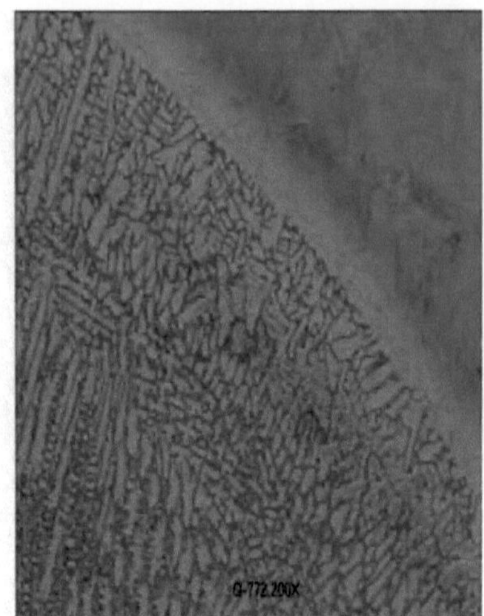


Fig. 5.5b

Metal de base: - A microestrutura é constituída por grãos austeníticos.

Granulometria 7-8 ASTM.

Zona afetada pelo calor (ZTA): - A microestrutura é constituída por grãos austeníticos grosseiros.

Cordão de soldadura:-A microestrutura consiste numa solidificação dendrítica.

500×3% Nital etch.

## 5.3 TESTE DE DESGASTE

### 5.1 TAXA DE DESGASTE

Todas as seis amostras do tipo pino e uma amostra de metal de base de cada conjunto foram inicialmente pesadas antes do ensaio e a pesagem final após o ensaio foi efectuada com uma balança eletrónica de pesagem de vaca com uma contagem mínima de 2 gramas. O ensaio é efectuado na máquina de ensaio de desgaste de pinos e discos, sendo cada amostra submetida a 15 minutos de desgaste de pinos e discos. Como são efectuadas sete observações de cada amostra durante o ensaio, são calculados os pesos médios inicial e final. Além disso, é calculado o desgaste médio líquido em gramas por hora. A figura 5.1 mostra amostras de aço macio com revestimento duro

**Quadro 5.4**

| Amostras | Tipo de | Peso inicial | Peso médio | Desgaste | Taxa de desgaste |
|---|---|---|---|---|---|

| | **superfície** | **médio em gramas** | **final em gramas** | **líquido médio em gramas** | **em µm** |
|---|---|---|---|---|---|
| **Amostra 1** | Revestimento duro com dureza 534 | 28.5976 | 28.5871 | 0.0105 | 98 |
| **Amostra 2** | Revestimento duro com dureza 442 | 27.8836 | 27.8707 | 0.0129 | 155 |
| **Amostra 3** | Revestimento duro com dureza 375 | 28.9680 | 28.9587 | 0.0093 | 56 |
| **Amostra 4** | Revestimento duro com dureza 610 | 28.7806 | 28.7743 | 0.0063 | 35 |
| **Amostra 5** | Revestimento duro com dureza 587 | 29.2720 | 29.2609 | 0.0111 | 105 |
| **Amostra 6** | Revestimento duro com dureza 440 | 29.5269 | 29.5215 | 0.0054 | 23 |
| **Amostra 7** | Sem revestimento duro | 26.7360 | 26.7204 | .0156 | 179 |

Estas são as taxas de desgaste obtidas no ensaio de laboratório na máquina de ensaio de desgaste de pinos no disco, da mesma forma que foi discutido no último capítulo. Uma amostra de 12 mm de diâmetro e 30 mm de comprimento é retirada do aço macio plano e, em seguida, testada na máquina de ensaio de desgaste de pinos no disco. Os resultados obtidos no ensaio de laboratório são tabelados de seguida. A taxa de desgaste em gramas por hora no ensaio de laboratório mostra claramente que a taxa de desgaste do metal de base (sem revestimento duro) é máxima e a taxa de desgaste das ligas de revestimento duro revestidas nas amostras é mínima.

**Quadro 5.4.1**

| AMOSTRAS | TIPO DE SUPERFÍCIE | TAXA DE DESGASTE em µm |
|---|---|---|
| **Amostra 1** | Revestimento duro com camada única | 98 |
| **Amostra 2** | Revestimento duro com camada única | 155 |
| **Amostra 3** | Revestimento duro com camada única | 56 |
| **Amostra 4** | Revestimento duro com dupla camada | 35 |
| **Amostra 5** | Revestimento duro com dupla camada | 105 |
| **Amostra 6** | Revestimento duro com dupla camada | 23 |
| **Amostra 7** | Sem revestimento duro | 179 |

Existe um erro muito pequeno nos resultados obtidos a partir dos ensaios laboratoriais e da área de superfície do provete de ensaio com revestimento duro em contacto com a roda rotativa da máquina de ensaio de desgaste de pinos e discos.

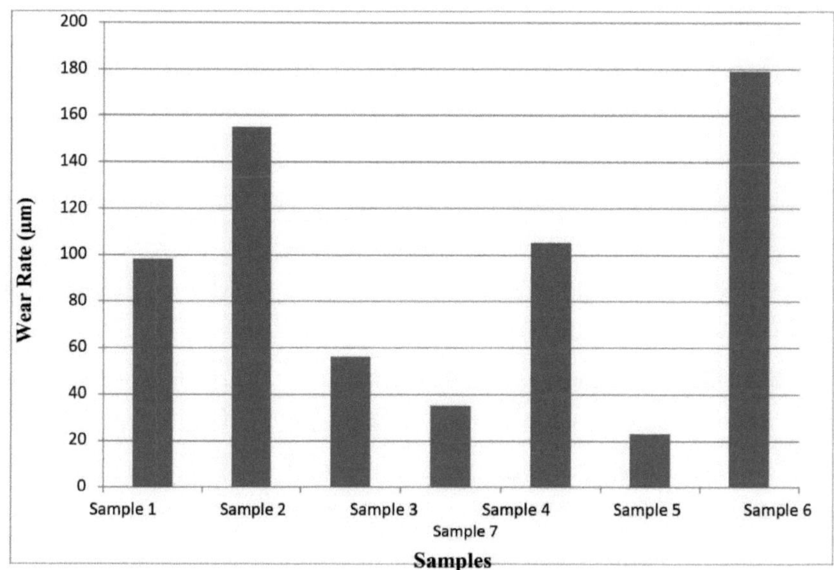
Wear Rate (µm)
200
180
160
140
120
100
80
60
40
20
0
Sample 1
Sample 2
Sample 3
Sample 4
Sample 5
Sample 6
Sample 7
Samples

**Gráfico 5.9**

# REFERÊNCIAS

[1] I. A. Kostick, A. E. Segall, J. C. Conway, Jr. (Membro, STLE) e M. F. Amateau, "The Sliding Wear Behavior of Cobalt-Based Hardfacing Alloys Used in Steam Valve Applications", Volume 40 (1997),1,168-172

[2] R. Dasgupta, B.K. Prasad, A.K. Jha, O.P. Modi, S. Das, e A.H. Yegneswaran, "Low Stress Abrasive Wear Behavior of a Hardfaced Steel", JMEPEG (1998) 7:221226

[3] S. Kumar, D.P. Mondal, H.K. Khaira, e A.K. Jha, "Improvement in High Stress Abrasive Wear Property of Steel by Hardfacing", JMEPEG (1999) 8:711-715

[4] A.K. Jha, B.K. Prasad, R. Dasgupta, e O.P. Modi, "Influence of Material Characteristics on the Abrasive Wear Response of Some Hardfacing Alloys", JMEPEG (1999) 8:190-196

[5] Sanjay Kumar, D.P. Mondal, e A.K. Jha, "Effect of Microstructure and Chemical Composition of Hardfacing Alloy on Abrasive Wear Behavior", JMEPEG (2000) 9:649-655

[6] Chien-Kuo Sha e Hsien-Lung Tsai, "Hardfacing Characteristics of S42000 Stainless Steel by Using CO2 Laser", JMEPEG (2001) 10:37-41

[7] S. G. Sapate e A. V. Rama Rao, "Effect of material hardness on erosive wear behaviour of some weld deposited alloys", Materials and Manufacturing processes, 17(2), 187-198 (2002)

[8] B.V. Cockeram, "Some Observations of the Influence of d -Ferrite Content on the Hardness, Galling Resistance, and Fracture Toughness of Selected Commercially Available Iron-Based Hardfacing Alloys", Metallurgical and materials transactions Volume 33A, novembro 2002-3403

[9] S. Chatterjee, T.K. Pal, "Wear behaviour of hardfacing deposits on cast iron", International journal on Wear 255 (2003) 417-425

[10] Behcet Gulenc$_j$ Nizamettin Kahraman, "Wear behaviour of bulldozer rollers welded using a submerged arc welding process", Materials and Design 24 (2003) 537542

[11] A.K. Bhaduri, R. Indira, S.K. Albert, B.P.S. Rao, S.C. Jain, S. Asokkumar, "Selection of hardfacing material for components of the Indian Prototype Fast Breeder Reator", Journal of Nuclear Materials 334 (2004) 109114

[12] M.F. Buchely, J.C. Gutierrez, L.M. Leon, A. Toro, "The effect of microstructure on abrasive wear of hardfacing alloys", International journal on Wear 259 (2005) 5261

[13] S. Chatterjee, T.K. Pal, "Solid particle erosion behaviour of hardfacing deposits on cast iron-Influence of deposit microstructure and erodent particles", International journal on Wear 261 (2006) 1069-1079

[14] V.E. Buchanan, P.H. Shipway, D.G. McCartney, "Microstructure and abrasive wear behaviour of shielded metal arc welding hardfacings used in the sugarcane industry", International journal on Wear 263 (2007) 99-110

[15] Kemal Yildizli, Mehmet Eroglu, M. Baki Karamis, "Microestrutura e comportamento de desgaste erosivo de depósitos de soldadura de eléctrodos de elevado teor de manganês", Surface & Coatings Technology 201 (2007) 7166-7173

[16] V.E. Buchanan, P.H. Shipway, D.G. McCartney, "A comparison of the abrasive wear behaviour of iron-chromium based hardfaced coatings deposited by SMAW and electric arc spraying", International journal on Wear 264 (2008) 542-549

[17] M. Vite, M. Castillo, L.H. Hernandez, G. Villa, I.H. Cruz, D. Stephane, "Dry and wet abrasive resistance of Inconel 600 and satellite", International journal on Wear 265 (2008) 266-268

[18] M. Kirchgaβner, E. Badisch, F. Franek, "Behaviour of iron-based hardfacing alloys under abrasion and impact", International journal on Wear 265 (2008) 772-779

[19] S. Selvi, S.P. Sankaran, R. Srivatsavan, "Comparative study of hardfacing of valve seat ring using MMAW process", Journal of materials processing technology 207 (2008) 356-362

[20] Xinhong Wang, Fang Han, Xuemei Liu, Shiyao Qu, Zengda Zou, "Microestrutura e propriedades de desgaste da liga de revestimento duro Fe-Ti-V-Mo-C", Revista Internacional sobre Desgaste 265 (2008) 583-589

[21] Amado Cruz Crespo, Americo Scotti, Manuel Rodriguez Perez, "Operational behavior assesment of coated tubular electrodes for SMAW Hardfacing", Journal of materials processing technology 199 (2008) 265-273

[22] R. Choteborsky, P. Hrabe, M. Muller, J. Savkova, M. Jirka, M. Navratilova, "Effect of abrasive particle size on abrasive wear of hardfacing alloys", RES. AGR. ENG., *55*, 2009 (3): 101-113

[23] H. Winkelmann, E. Badisch, M. Kirchgaβner, H. Danninger, "Wear Mechanisms at High Temperatures. Parte 1: Wear Mechanisms of Different Fe-Based Alloys at Elevated Temperatures", Tribol Lett (2009) 34:155-166

[24] Chia-Ming Chang, Yen-Chun Chen, Weite Wu, "Microstructural and abrasive characteristics of high carbon Fe-Cr-C hardfacing alloy", Tribology International 43 (2010) 929-934

[25] D. Kesavan, M. Kamaraj, "The microstructure and high temperature wear performance of a nickel base hardfaced coating", Surface & Coatings Technology 204 (2010) 4034-4043

[26] Yang Ke, Bao Yefeng, Jiang Yongfeng e Xie Xiang, "Um novo tipo de fio fluxado de

revestimento duro de arco submerso para reparar a superfície do rolo", ICRM2010- Green Manufacturing, Ningbo, China

[27] G. Azimi, M. Shamanian, "Effect of silicon content on the microstructure and properties of Fe-Cr-C hardfacing alloys", J Mater Sci (2010) 45:842-849

[28] Agustin Gualco, Hernan G. Svoboda, Estela S. Surian, e Luis A. de Vedia, "Effect of post-weld heat treatment on the wear resistance of hardfacing martensitic steel deposits", Welding International, Vol. 24, No. 4, April 2010, 258-265

[29] G.R.C. Pradeep, A. Ramesh, B. Durga Prasad, "A Review paper on hardfacing processes and materials", International Journal of Engineering Science and Technology, Vol. 2(11) 2010, 6507-6510

[30] R. Arabi Jeshvaghani, E. Harati, M. Shamanian, "Efeitos da liga de superfície na microestrutura e no comportamento de desgaste da superfície de ferro dúctil modificada com uma liga à base de níquel utilizando soldadura por arco metálico protegido", Materials and Design 32 (2011) 1531-1536

[31] H. Sabet, Sh. Khierandish, Sh. Mirdamadi, M. Goodarzi, "A microestrutura e a resistência ao desgaste abrasivo das ligas de revestimento duro Fe-Cr-C com a composição hipoeutéctica, eutéctica e hipereutéctica a Cr/C = 6", Tribol Lett (2011) 44:237- 245

[32] R.S. Parmar, "Welding Processes and Technology", Khanna Publishers (2008)

Printed by Books on Demand GmbH, Norderstedt / Germany